가장 믿을 수 있는
수혈輸血 필드 매뉴얼
Blood Transfusion Field Manual

과학자의 글쓰기 5
가장 믿을 수 있는
수혈 필드 매뉴얼

2021년 7월 30일 초판 1쇄 찍음
2021년 8월 6일 초판 1쇄 펴냄

책임편집 다돌책방
디자인 프라이빗엘리펀트
본문조판 아바 프레이즈
마케팅 서일

펴낸이 이기형
펴낸곳 바이오스펙테이터
등록번호 제25100-2016-000062호
전화 02-2088-3456
팩스 02-2088-8756
주소 서울 영등포구 여의대방로69길 23, 한국금융아이티빌딩 6층
이메일 book@bios.co.kr

ISBN 979-11-91768-00-8 93510
ⓒ 조덕 2021

책값은 뒷표지에 있습니다.
사전 동의 없는 무단 전재 및 복제를 금합니다.

가장 믿을 수 있는
수혈輸血 필드 매뉴얼
Blood Transfusion Field Manual

조덕

바이오스펙테이터

프롤로그

수혈의학을 전공 분야로 정하고 병원에서 근무한 지 20년이 되었다. 20년 동안 수혈에 대해 많은 질문을 받았고, 답을 해왔다.

Q: "아빠가 O형이고, 엄마가 AB형이거든요. 그런데 제가 AB형이에요. 설마…엄마가 저를 다리 밑에서 주워왔을까요?"
A: "혈액형 검사를 정확히 해보면 좋겠어요. 시스AB형일 수도 있습니다."

Q: "아빠도 Rh(D) 양성이고, 엄마도 Rh(D) 양성인데요. 저만 Rh(D) 음성이에요. 가능한가요?"
A: "가능한 일입니다. 엄마가 D/d 유전자, 아빠도 D/d라면 본인은 d/d가 나올 수 있으니까요. Rh(D) 음성이 충분히 가능합니다. 한국에서 이런 경우는 흔해요."

다른 분야에서 일하는 의료인에게 수혈에 대한 질문을 받는 경우도 제법 된다.

Q: "혈액원에서 공급한 Rh(D) 음성 적혈구를 Rh(D) 음성 환자에게 수혈했습니다. 그런데 항-D항체가 생겼습니다. 어떻게 이런 일이 가능한가요?"

A: "혈액원에서 공급되는 Rh(D) 음성 혈액 가운데 약 15~20%는 진짜 음성이 아닌 델(DEL)형이라는 변이형일 수 있습니다. 이 혈액을 수혈하면 드물지만 항-D항체가 발생할 수 있습니다. 따라서 가임기 연령대의 Rh(D) 음성 여성 환자에게는, 추가로 RhCE 표현형 검사나 *RHD* 유전자 검사를 실시해 진짜 음성 혈액을 확인하고 수혈해야 합니다"

Q: "초응급상황입니다. 그런데 환자 혈액형을 모를 뿐 아니라 검사할 시간도 없습니다. 그런데 혈장을 급히 줘야 합니다. O형을 주면 되나요?"

A: "아니요!! 이런 상황에서 적혈구는 O형을 줄 수 있지만, 혈장은 반대입니다. AB형 혈장을 유니버설하게 쓸 수 있습니다."

Q: "혈액형 검사에서 O형 적혈구와 B형 적혈구가 섞여 있는 현상(mixed field agglutination)이 보입니다. 환자는 골수이식이나 수혈을 받은 적도 없는데, 이런 일이 있을 수가 있나요? 어떻게 이런 현상이 가능하죠?"

A: "선천성 키메라(congenital chimera)일 가능성이 있습니다. 혈액에만 이런 현상이 있으면 혈액 키메라(blood chimera)라고

하고, 혈액뿐 아니라 전신에 이런 현상이 있으면 전신 키메라(whole body chimera)라고 합니다. B형과 O형으로 각각 태어나야 할 이란성 쌍둥이가, 초기 배아 단계에서 하나로 합쳐져 한 사람으로 태어난 경우입니다."

Q: "O형, Rh(D) 양성인 경우입니다. 항-E항체가 있다는데 적혈구 수혈은 어떻게 하죠?
A: "먼저 O형, Rh(D) 양성 혈액 적혈구제제를 고른 후 항-E항체와 반응하지 않을 혈액을 추가 검사로 선별해 수혈해야 합니다. 다행스럽게도 항-E항체와 반응을 피할 수 있는 혈액(예: CDe형)을, 한국인이 헌혈한 혈액에서는 비교적 쉽게 (약 3명에 1명) 구할 수 있습니다."

전공 분야의 연구와 진료가 깊어질수록, 자기 분야를 벗어났을 때의 당혹스러움도 깊어진다. 보통 논문이나 교과서에서 답을 구하지만, 어떤 경우에는 핵심을 비켜서 이해하거나 큰 흐름을 놓치기도 한다. 이럴 때 가장 좋은 방법은 해당 분야 전문가에게 경험과 지식을 바탕으로 한 설명을 단순명료하게 듣는 것이다. 현장에서 '수혈'이라는 상황을 맞이했을 때도 꼭 필요한 정보를 물어볼 수 있는 친한 전문가가 있다면 제일 좋을 것이다.

이런 이유로 책을 내볼 생각을 하게 되었다. 27년 전, 전문의가 되려고 인턴 수련을 하고 있었다. 사실 응급실 인턴이었을 때 응급 환자가 도착하면 겁부터 났다. 이때 힘이 되어준 책이 있었다. 『워싱턴 내과 매뉴얼(The Washington Manual of Medical Therapeutics)』이라는 작은 책이었다. 전문 자료가 가득한 논문이나 교과서는 아니었지만, 현장에서 바로 활용할 수 있는 '정확하고 간단하고 명료한 필드 매뉴얼'이었다. 수혈의학이라는 분야에도 이런 매뉴얼이 하나 있으면 여러 현장에서 도움이 될 것이라 생각했고, 작업을 시작했다.

이 책이 나올 수 있도록 도움을 주신 여러분들에게 감사하고 싶다. 수혈의학과 진단검사의학의 길을 열어주신 고(故) 양동욱 교수님과, 서순팔 교수님, 신종희 교수님, 그리고 책을 기획하고 지원해준 『바이오스펙테이터』 이기형 대표에게 감사드린다. 그간 수혈의학과 혈액형 연구를 함께 한 전미정, Mark H. Yazer, 천세종, 최수인, 정유나, 김태열 전문의 그리고 송정원 박사에게도 고마움을 표하고 싶다. 또한 전남대병원, 화순전남대병원, 삼성서울병원 혈액은행 및 헌혈실 선생님들, 혈액형 연구를 함께한 대학원생들(서민희, 유홍비)에게도 고마운 마음을 전한다. 대한적십자사와 국립장기조직혈액관리원 또한 고마움의 대상이다.

나를 태어난 본성대로 길러주신 어머님과 아버님, 지혜로운 조언을 잘 해주는 아내 지연, 행복한 에너지가 넘치는 하솜, 자기주도적으로 삶을 개척하는 하빈에게도 감사의 말을 전한다.

2021년 7월 5일
조덕

차례
contents

프롤로그 005

I. 혈액형과 수혈 일반 015

II. 시스AB 059

III. Rh(D) 075

IV. 기타 희귀혈액형 109

V. 비예기항체 133

VI. 수혈 필드 매뉴얼 157

VII. 성분채집술 195

에필로그 205

찾아보기 209

프롤로그 005

I. 혈액형과 수혈 일반 015

카를 란트슈타이너 017 | 혈액형의 분포 018 | 혈액형과 항체 020 | 임상적으로 중요한 혈액형 021 | 기타 혈액형의 임상적 의의 023 | 혈액형 항원과 항체의 반응 025 | 혈액형을 잘못 알고 있는 경우 028 | ABO 혈액형 검사와 검사 불일치 030 | ABO항체 생성과 세균 031

임산부와 태아 035 | 자연선택설의 증거: 더피(Duffy) 혈액형 036 | Rh(-) 봉사회 038 | 신생아의 혈액형 040

실습 1. ABO 혈액형 검사 불일치에서 수혈 043
사례 1: 약한 적혈구 반응(weak red cell reactivity), ABO 아형 043 / 풀이 1: 약한 적혈구 반응(weak red cell reactivity), ABO 아형 044
사례 2: 약한 적혈구 반응(weak red cell reactivity), 급성골수구성백혈병 045 / 풀이 2: 약한 적혈구 반응(weak red cell reactivity), 급성골수구성백혈병 046
사례 3: 의외의 적혈구 반응(extra red cell reactivity) 및 의외의 혈청 반응(extra serum reactivity) 047 / 풀이 3: 의외의 적혈구 반응(extra red cell reactivity) 및 의외의 혈청 반응(extra serum reactivity) 048
사례 4: 약한 혈청 반응(weak serum reactivity), 다량 수액 투여에 의한 희석 049 / 풀이 4: 약한 혈청 반응(weak serum reactivity), 다량 수액 투여에 의한 희석 050
사례 5: 약한 혈청 반응(weak serum reactivity), 면역결핍 환자 051 / 풀이 5: 약한 혈청 반응(weak serum reactivity), 면역결핍 환자 052
사례 6: 약한 혈청 반응(weak serum reactivity), 조혈모세포이식(골수이식) 053 / 풀이 6: 약한 혈청 반응(weak serum reactivity), 조혈모세포이식(골수이식) 054
사례 7: 의외의 혈청 반응(extra serum reactivity), 비예기항체 055 / 풀이 7: 의외의 혈청 반응(extra serum reactivity), 비예기항체 056

1장 참고문헌 057

II. 시스AB 059

ABO 아형(亞型, subtype) 061 | 한국에서의 시스AB 063 | 전 세계에 한 명인 시스AB09 혈액형 067 | 시스AB형 검사와 수혈 068

실습 2. ABO 아형(subtype)에서 수혈 071
사례 1 071 / 풀이 1 072

2장 참고문헌 073

III. Rh(D) 075

한국인 Rh(D) 음성 비율과 적혈구 수혈 077 | Rh(D) 음성 혈소판과 혈장 수혈 078 | Rh(D) 음성 혈액이 없는 응급 상황 080 | Rh(D) 음성과 임신 081 | 항-D항체나 기타 항체가 생긴 임부와 태아 083 | Rh(D) 음성 혈액 수혈 후 항-D항체의 발생 084 | Rh(D) 음성 환자에게 Rh(D) 양성 혈액을 안전하게 수혈하기 087 | Rh(D) 혈액형 검사 전략 092 | Rh(D) 변이형, DEL형 094

실습 3. Rh(D) 음성 혈액형 환자의 수혈 097
사례 1: Rh(D) 음성 혈액 재고 부족 상황 097 / 풀이 1: Rh(D) 음성 혈액 재고 부족 상황 098
사례 2: Rh(D) 음성 혈액 재고 부족 상황 099 / 풀이 2: Rh(D) 음성 혈액 재고 부족 상황 100
사례 3: Rh(D) 음성 환자, 과거 수혈 후 항-D항체 발생 101 / 풀이 3: Rh(D) 음성 환자, 과거 수혈 후 항-D항체 발생 102
사례 4: Rh(D) 음성. 그러나 유전자 검사로 델(DEL) 형 확인된 환자에게 수혈 103 / 풀이 4: Rh(D) 음성. 그러나 유전자 검사로 델(DEL) 형 확인된 환자에게 수혈 104
사례 5: Rh(D) 변이형, 약D형 환자에게 수혈 105 / 풀이 5: Rh(D) 변이형, 약D형 환자에게 수혈 106

3장 참고문헌 107

IV. 기타 희귀혈액형 109

희귀혈액형의 기준 111 | D 대쉬대쉬 혈액형 (referred to as D dash, dash) 113 | 더피(Duffy) 혈액형과 말라리아 115 | 냉동적혈구 은행 118 | 자가수혈 120

키메라 123

실습 4. 희귀혈액형 항체가 있는 환자의 수혈 준비 129
사례 1 129 / 풀이 1 130

4장 참고문헌 131

V. 비예기항체 133

항체에 대한 예측 135 | 기타 혈액형 항체로 인한 사망 사례 136 | 비예기항체 선별 검사 사각지대 137 | ABO, Rh(D) 다음으로 중요한 기타 혈액형 139 | 비예기항체 선별 검사 팁 142

항체 기반 항암제 개발로 복잡해진 수혈 검사 145

실습 5. 비예기항체, 자가항체, 간섭 약물의 해결 방안 149
사례 1 149 / 풀이 150
사례 2 153 / 풀이 154

5장 참고문헌 156

VI. 수혈 필드 매뉴얼 157

수혈이상반응 1. 용혈수혈반응 159 | ABO 불일치 수혈사고의 원인과 예방 160 | 채혈 실수와 수혈사고 가능성 161 | ABO 불일치 수혈사고 164 | 수혈이상반응 2. 비용혈수혈반응 166 | 수혈이상반응 3. 수혈전파성 감염 168 | 백혈구 제거 혈액 173 | 방사선 조사 혈액과 수혈관련이식편대숙주병(TA-GVHD) 176 | 유니버설 블러드(Universal Blood) 179 | 응급수혈과 대량수혈 181 | 신선한 전혈 186

실습 6. ABO 혈액형 불일치 장기이식과 수혈 189
사례 1: ABO 혈액형 불일치 조혈모세포이식에서 수혈 191 / 풀이 1: ABO 혈액형 불일치 조혈모세포이식에서 수혈 192

6장 참고문헌 193

VII. 성분채집술 195

치료적 혈장성분채집술 197 | 치료적 세포성분채집술 198 | 조혈모세포채집술 200 | CAR-T 및 CAR-NK 세포 치료제 201

7장 참고문헌 204

에필로그 205
찾아보기 209

1

혈액형과 수혈 일반

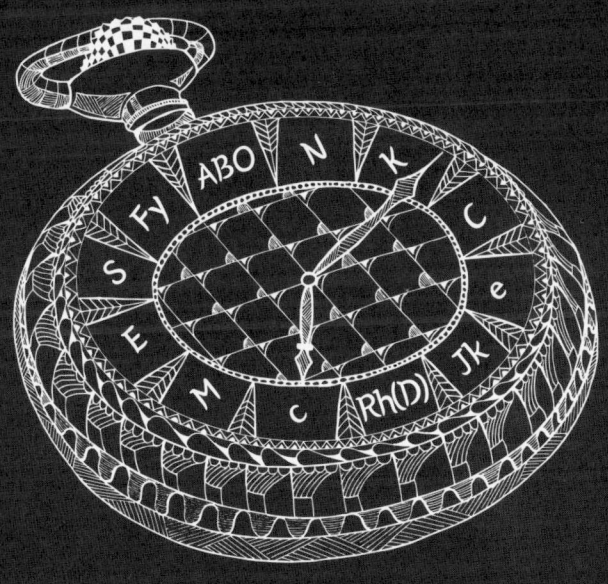

한국에서 임상적으로 중요한 혈액형

카를 란트슈타이너

카를 란트슈타이너(Karl Landsteiner, 1868~1943)는 1930년에 노벨 생리의학상을 받았다. 최초로 ABO 혈액형을 발견한 공로 등을 인정받은 것이다. 란트슈타이너가 1901년에 혈액형 개념을 내놓기 전에는 다치거나 출산 등으로 피를 많이 흘려도 안심하고 수혈할 수 없었다.

17세기에는 동물의 피를 사람에게 수혈하기도 했다. 19세기 초 영국 산부인과 의사 블런델이 처음으로 사람의 피를 사람에게 수혈하는 데 성공했다. 그러나 당시에는 혈액형이라는 개념을 알고 한 것은 아니었다. 혈액형이라는 개념을 모른 채 시도한 수혈은 안전하지 못했다. 어떤 경우에는 수혈받은 환자가 살아났지만, 어떤 경우에는 사망했다. 정말 위험한 상황에서 수혈을 시도했지만, 기왕 죽을 바에 운에 한번 맡겨 보자는 식이었다. 오늘날처럼 수혈이 안전한 치료법으로 자리잡고 있지 못했던 당시에 심한 출혈은 곧 사망을 뜻했다.

란트슈타이너는 어떤 사람의 피와 다른 사람의 피를 섞었을 때 어떤 경우에는 엉겨붙고 어떤 경우에는 엉겨붙지 않는 것을 보고, '피를 체계적으로 섞어보는 연구'를 했다. 여러 가지 경우의 수로 피를 섞는 실험을 한 결과, 사람의 피는 세 가지 그룹으로 나뉘며(나중에 연구를 더 진행해 네 가지 그룹으로 수정), 응집을 일으키지 않게 각각의 그룹을 섞는 공식도 찾았다. 란트슈타이너가 수혈

공식을 찾아낸 덕분에 목숨을 건진 사람이 약 10억 명은 될 것으로 본다. 앞으로도 계속 수혈을 할 테니, 이 숫자는 더 늘어날 것이다.

1940년, 카를 란트슈타이너는 알렉산더 위너(Alexander S. Wiener, 1907~1976)와 함께 Rh(D) 혈액형도 발견한다. 이들의 연구 덕분에 병원에서 수혈 전에 ABO 혈액형과 Rh(D) 혈액형 검사를 할 수 있게 되었다. 혈액형은 ABO와 Rh(D) 이외에도 많지만 일선 병원에서 기본 검사로 실시하지는 않는다. 대신 기타 혈액형에 대한 예상치 못한 항체가 있는지 확인하는 검사를 실시해 혈액형 항체로 인한 용혈수혈반응의 위험을 줄인다.

혈액형의 분포

ABO 혈액형과 Rh(D) 혈액형을 포함하는 각종 혈액형은 인종이나 민족마다 분포가 다양하다. 한국 사람의 혈액형을 조사하면 A형, O형, B형, AB형이 각각 33%, 27%, 26%, 11% 정도 나온다(Cho et al, 2004). 그런데 미국에서 백인을 대상으로 조사하면 A형, O형, B형, AB형 순으로 각각 40%, 45%, 11%, 4%다. 미국에서 AB형은 한국에 비해 귀한 혈액형이다.

혈액형 분포가 인종과 지역에 따라 다른 이유는, 혈액형이 유전되기 때문이다. 극단적인 사례를 보자. 브라질 마투그로수(Mato Grosso) 주에 사는 보로로(Bororo) 원주민, 인도네시아 수마트라

북서쪽 그레이트 니코바르(Great Nicobar) 섬에서 숌펜(Shompen) 어를 쓰는 원주민, 페루 원주민은 거의 100% O형이다. 미국 병리학회(College of American Pathologists, CAP) 인증심사 심사위원의 경험담을 직접 들을 기회가 있었다. 페루 원주민이 주로 거주하는 지역 병원에 심사를 가서 환자들의 ABO 혈액형을 확인했더니 놀랍게도 거의 모두 O형이었다고 한다. O형인 사람들이 O형인 사람들과 결혼해서 계속 O형의 아이를 낳은 것이다.

Rh(D) 혈액형 분포도 인종별 차이가 심하다. 유럽에서 조사한 Rh(D) 음성 혈액형 비율은 15%다. 그런데 한국, 중국, 일본에서 Rh(D) 음성은 1% 이하 비율로 나온다. 한국은 특히 낮아, 전체 인구의 0.15~0.33% 수준이다(진단검사의학, 2021). 문제는 수혈할 혈액제제를 준비할 때 ABO 혈액형과 Rh(D) 혈액형을 함께 따지기 때문에 한국에서 Rh(D) 음성 혈액이 매우 귀한 희귀혈액이라는 점이다.

예를 들어 Rh(D) 음성 O형 혈액이 필요한 상황이다. Rh(D) 음성 혈액형이 전체 인구의 0.2%이고 O형이 27%였을 때, 둘이 겹쳐지는 비율은 전체 인구의 0.054%이다. Rh(D) 음성 AB형 혈액으로 가면 0.022%다. 너무 구하기 힘든 희귀혈액이다.

혈액형과 항체

피를 뽑아 현미경으로 보면 적혈구, 백혈구, 혈소판을 볼 수 있는데, 적혈구가 가장 먼저 눈에 들어온다. 빨간색이 선명하고 특색 있는 원반 모양이 잘 보이기 때문이다. 이렇게 잘 보이는 적혈구의 표면에는 잘 보이지 않는 것들이 붙어 있다. 일반적인 현미경으로는 볼 수 없는 당이나 단백질 등이다. 이를 적혈구 항원이라고 한다.

적혈구 항원은 우연히 그곳에 자리를 잡은 것이 아니다. 적혈구 표면에 어떤 항원이 붙을 것인지는, 부모가 자녀에게 전달하는 [ABO 혈액형은 9번 염색체, Rh(D) 혈액형은 1번 염색체에 있는] 유전자에 따라 결정된다. 유전자는 적혈구 표면에 특정 항원을 만든다. 이렇게 만들어진 항원의 차이에 따라 '혈액형'을 나눈다. A항원이 있으면 A형, B항원이 있으면 B형, A와 B항원이 모두 있으면 AB형, 두 항원이 모두 없으면 O형이다.

ABO 혈액형 항원은 적혈구뿐 아니라 우리 몸에 있는 세균에도 있다. 또한 혈소판, 혈관, 신장, 폐 등 다른 조직 세포에도 있다. 이렇게 ABO 혈액형 항원이 적혈구에만 국한되지 않고 다른 조직에도 존재하므로 '조직-적혈구 항원'이라고 부르는 것이 더 정확하다. 반면 Rh(D) 항원은 주로 적혈구 표면에만 있다.

혈액형 항원 이야기를 했으니 항체 이야기가 나와야 자연스럽다. 우리 몸의 면역 시스템은 특정 규칙에 따라 항체를 만든다. 첫 번째 규칙은 '자기 자신의 항원에 대한 항체는 만들지 않는다'이다. 예를 들어 Rh(D) 양성인 사람이 Rh(D) 양성 혈액을 수혈받아도 항-D항체는 생기지 않는다.

두 번째 규칙은 '자신에게 없는 항원에 노출되면 해당 항체를 만들 수도 있고, 만들지 않을 수도 있다'이다. 환자의 면역 시스템 상황과 항원 종류에 따라 항체가 만들어지지 않을 수도 있고, 만들어지는 비율이 다양할 수도 있다. 이처럼 정확히 예측하기 어렵다 보니 ABO형을 제외한 나머지 혈액형 항원에 대한 항체를 '비예기 항체'라고 부른다.

임상적으로 중요한 혈액형

ABO, Rh(D) 혈액형을 맞추는 것만으로 100% 안전한 수혈을 할 수 없다. 다른 혈액형이 있기 때문이다. 연구자들은 적혈구 표면에 있는 단백질 등의 물질, 즉 항원이 될 만한 것들을 계속 찾아냈는데 그 숫자가 수백 개에 이른다.

2021년 기준으로 국제수혈학회(International Society of Blood Transfusion, ISBT)는 사람의 혈액형을 41개의 혈액형 군(group)으로 분류하였고, 341개의 개별 항원을 공식 인정했다. 가장 최근에 공인된 항원으로는 MAM이 있으며, 42번과 43번 혈액형 군의 항원들은 공식 인증을 기다리고 있다. ISBT 분류에서 첫 번째 혈액형 군이 ABO 혈액형이고, 네 번째 혈액형 군이 Rh(D)와

Rh(CE) 혈액형을 포함한 Rh 혈액형 군이다. 41개 혈액형 군 가운데에는 1개의 군에서 55개의 항원이 인정된 경우도 있다. 이렇듯 수많은 혈액형 종류를 모두 더하면 341개지만, 아직 밝혀지지 않은 혈액형을 더하면 숫자는 더 늘어나게 된다.

41이나 341이라는 숫자를 들으면 막막한 기분이 들지만, 다행스럽게도 이 모든 혈액형을 일반적인 수혈에서 확인할 필요는 없다. 병원에서 수혈을 결정하는 데 우선 확인해야 할 혈액형은 ABO와 Rh(D)를 포함해 20여 개 정도다. Rh(CE) 혈액형(C, E, c, e 등), 켈(Kell) 혈액형(K, k 등), 더피(Duffy) 혈액형[Fy(a), Fy(b) 등], 키드(Kidd) 혈액형[Jk(a), Jk(b) 등], MNS 혈액형(M, N, S, s 등) 등이 대표적이다.

이들 혈액형의 빈도는 인종마다 다르다. 또한 혈액형마다 임상적 의의가 다르다. 예를 들어 켈(Kell) 혈액형은 서구에서는 ABO, Rh(D) 혈액형 다음으로 중요한 혈액형이지만, 한국인에게는 임상적 의의가 거의 없다. 반대로 한국인을 포함한 동양인에게 상대적으로 흔하여 임상적 의의가 있는 혈액형으로 디에고(Diego), 밀텐버거(Miltenberger) 등이 있다.

임상적 의의가 있는 기타 혈액형의 항체, 약 0.2%를 잡으려면 20개 정도의 혈액형 검사를 해서 혈액형을 맞춰야 한다(진단검사의학, 2021). 그러나 수혈을 할 때마다 이를 모두 검사하는 것은 불가능하며, 효율도 나쁘다. 현실적인 대안으로 기타 혈액형에 대한 항체를 확인하는 '비예기항체 선별 검사'를 실시한다.

기타 혈액형의 임상적 의의

미국이나 유럽에서는 ABO, Rh(D) 다음으로 켈(Kell) 혈액형군을 중요하게 다룬다. 우리 몸의 면역 시스템이 켈(Kell) 혈액형군과 결합하는 항체를 잘 만들기 때문이다. 캐나다 혈액원에서는 모든 헌혈 혈액에 ABO, Rh(D)와 더불어 켈(Kell)의 K항원을 기본으로 검사한다. 그러나 한국에서는 켈(Kell) 혈액형을 검사할 필요가 거의 없다. 백인의 경우 K항원 보유 비율이 9% 정도지만 한국, 중국, 일본에서는 거의 0%다.

단 '거의'라는 단어에 주목할 필요가 있다. 한국인 가운데도 항-K항체가 보고된 적이 있기 때문이다. 해외에서 수혈을 받은 적이 있는 사람이었다(Chang et al, 2011).

현실적으로는 항-K항체가 있어도 한국에서 수혈을 받는다면 크게 문제가 되지 않는다. 혈액을 공여한 한국인 가운데 K항원을 가진 사람이 거의 없기 때문이다. 다만 외국과의 교류가 활발해지고 국제결혼 등도 늘어나는 경향을 고려해야 한다. K항원을 가진 외국계 한국인이 헌혈을 할 수도 있고, 그 혈액을 항-K항체를 가진 환자가 수혈받을 수도 있으므로 앞으로 주의해야 할 수도 있다.

한국에서는 켈(Kell) 혈액형보다 Rh 혈액형의 C, c, E, e 항원과 항체가 더 중요하다. 기타 혈액형 항체 중 가장 흔하기 때문이다. 이들 항체(항-E, 항-c, 항-C, 항-e)는 용혈수혈반응은 물론 태아신생아용혈질환을 일으킬 수 있다. 그나마 다행인 것은 항-E항체를 갖고 있거나 항-E항체와 항-c항체를 함께 갖는 경우가 흔하다는 점이다. 이런 경우 해당 항원이 없는 혈액을 수혈해야 하는데, 한국인은 3명 가운데 1명 꼴로 해당 항원이 없다. 따라서 흔한 유형인 이들 항체를 갖는 경우는 크게 문제가 되지 않는다. 게다가 현재 대한적십자사에서 혈액을 공급할 때 Rh (C), (c), (E), (e)에 대한 정보까지 알려준다. 또한 병원에서 요청하면 특정 항원이 없는 다른 기타 혈액형 혈액을 공급해주는 시스템을 대한적십자사에서 운영하고 있다.

더피(Duffy)와 키드(Kidd) 혈액형도 임상적으로 중요하다. 더피(Duffy) 혈액형에서 나타나는 항-Fy(a)항체와 키드(Kidd) 혈액형에서 항-Jk(a)항체는 급성용혈수혈반응과 지연성용혈수혈반응을 일으킬 수 있다. 이런 항체가 있는 환자는 해당 항원이 없는 적혈구를 선별하여 수혈해야 한다. 이 항체를 갖고 있는 임부에게 수태된 태아가 해당 항원이 있는 혈액형이라면, 태반을 통과한 항체가 태아신생아용혈질환을 일으킬 수 있으므로, 특별한 주의를 기울일 필요가 있다.

MNSs 혈액형군에 속하는 항원에는 M, N, S, s 등이 있는데, 항-M, 항-N, 항-S, 항-s 항체도 임상적으로 중요하다.

어느 경우에도 가장 안전한 수혈은 수혈받는 사람의 피와 같은 피를 넣어주는 것이다. 안전성을 생각하면 자기의 피를 다시 자기에서 수혈하는 '자가수혈'이 탁월하다. 그러나 환자 상태에 따라 자가수혈이 불가능한 상황도 생긴다. 따라서 현실에서 가장 안전한 수혈 전략은, 건강한 헌혈자 혈액을 자가수혈에 준할 정도로 환자와 혈액형을 맞춰서 수혈하는 것이다. ABO 혈액형과 Rh(D) 혈액형만 맞추고 수혈하면 99.8% 안전하고, 기타 혈액형의 항체까지 검사하면 거의 안전하다고 할 수 있다.

혈액형 항원과 항체의 반응

341개의 혈액형 항원이 있다면 대략 여기에 상응하는 항체가 있다. 그런데 긴박하게 이루어지는 수혈 현장에서 341개의 혈액형 항원과 항체를 모두 검사하는 것은 사실상 불가능하다. 물론 모두 검사할 필요도 없다.

병원에서는 대부분 ABO 혈액형과 Rh(D) 혈액형 검사만 진행한다. 여기에 임상적으로 중요한 기타 혈액형 약 20개 정도를 확인하는데, 혈액형 검사를 직접 하는 것은 아니다. 약 20개 혈액형에 대한 항체를 간접적으로 확인한다. 이를 '비예기항체(unexpected antibody) 선별 검사'라고 부른다. 검사를 해보기 전까지는 예측할 수 없어 '비예기'라고 부른다. 수혈받을 사람에게 문제가 될 항체가 있는지 없는지를 확인하는 것이다.

Rh(D) 양성, A형인 사람이 있다. 평범한 혈액형이다. 수혈을 받아야 해서 수혈 전 비예기항체 선별 검사를 했다. 그런데 검사 결과 항-E항체와 항-Fy(a)항체가 발견되었다. 이제 수혈할 혈액을

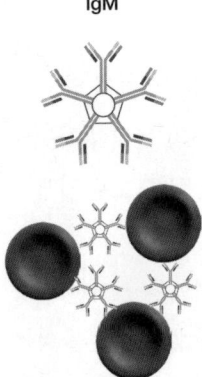

IgM은 적혈구에 붙어 주변 적혈구들과의 응집 반응을 일으킨다.

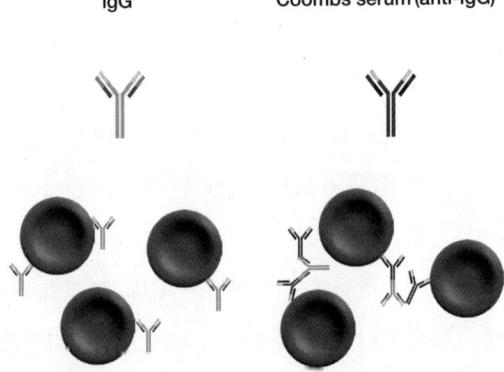

IgG는 적혈구에 부착만 되고 응집을 유발하진 않는다. 그러나 감염 등으로 생긴 항-IgG 항체나 약물 등이 다리 역할을 하면 응집반응이 일어난다.

준비한다. 혈액은행에서는 보관하고 있는 Rh(D) 양성, A형 혈액 가운데 E항원과 Fy(a)항원이 모두 없는 혈액을 추가로 찾아서 수혈한다. 만약 E항원이나 Fy(a)항원이 있는 혈액을 수혈하면 용혈수혈반응이 생길 수 있기 때문이다.

비예기항체 선별 검사에서는 '항체'가 중요하다. 항체는 적혈구 항원(응집원)과 결합해 적혈구를 엉겨붙게 한다. 이렇게 엉겨붙게 만드는 항체를 응집소(agglutinin)라고 부른다. 항체는 면역글로불린(immunoglobulin)이라고 부르기도 하는데, 항원과 결합해 여러 효과를 일으킨다. 면역글로불린은 IgM, IgG, IgA, IgD, IgE로 나뉜다. 이 가운데 중요한 것은 IgM 유형과 IgG 유형이다. IgG는 Y자 모양이 1개 있는 단량체(monomer)이고, IgM은 Y자 모양 5개가 결합된 오량체(pentamer)다. 항-A항체와 항-B항체는 대부분 IgM 유형이지만 임상적으로 의의가 높은 비예기항체는 IgG인 경우가 흔하다.

수혈과 관련해서는 적혈구 표면에 있는 항원(응집원)과 결합해 용혈 작용을 일으키는 것이 문제가 된다. ABO 불일치 수혈사고에서는 IgM 유형 항체가 문제가 된다. 항체와 항원이 결합하면 여기에 보체(complement)가 결합하면서 활성화(activation)된다. 보체 활성화는 외부 침입자를 공격하는 면역 시스템의 일종으로, 염증을 발생시키고 세포를 공격한다. 그런데 IgM은 IgG보다 보체를 더 활성화시킨다. A형 환자에게 B형 적혈구를 수혈했다면, 환자 몸에 이미 형성되어 있던 IgM 유형의 항-B항체와 수혈된 B형 적혈구 항원이 결합하고 보체가 활성화된다. 이후 혈관에서 빠르게 응집과 용혈(溶血, hemolysis)이 일어나며, 파괴된 적혈구에서 유리 혈색소(free hemoglobin)가 나온다. 이것이 다시 몸속에 순환하다가 신장을 손상시켜 급성신부전에 빠질 수 있으며, 사망하기도 한다. 또한 혈액응고 메커니즘 등을 활성화시켜 파종성혈관내응고증(disseminated intravascular coagulation, DIC), 저혈압 등을 일으킨다.

ABO 불일치 수혈사고는 주로 혈관내용혈(intravascular hemolysis)을 불러온다. 혈관내용혈이 일어난 환자는 빠른 시간 안에 심각한 상태에 빠질 수 있다. 한편 Rh, 더피(Duffy), 키드(Kidd) 혈액형군에 대한 항체에 의해 일어나는 용혈반응은 혈관외용혈(extravascular hemolysis)이다. 대개 용혈 속도가 느리고 혈색소뇨(hemoglobinuria)나 혈색소혈증(hemoglobinemia)이 생기는 일이 드물다. 적절하게 치료하면 신부전이나 사망까지 이르는 경우는 드물다. 단 인지하지 못하거나 치료가 늦어지면 역시 사망에 이를 수 있기 때문에 주의해야 한다.

혈액형을 잘못 알고 있는 경우

자기 혈액형을 정확히 알고 있다고 생각하는 경우가 많지만, 잘못 알고 있을 가능성도 충분하다. 이런 이유로 때로는 끔찍한 일이 벌어지기도 한다. 1990년대 초반, 남편의 의처증이 깊어지자 아내가 딸과 아들을 살해하고 스스로 목숨을 끊은 일이 신문에 보도되었다. 남편은 자신을 O형으로 알고 있었다. 아내의 혈액형도 O형이었고 딸도 O형이었다. 그런데 아들이 A형이었다. 남편은 아내를 의심했고 갈등이 심해졌다고 한다. 스트레스를 견디지 못한 아내가 그만 극단적으로 행동한 것이었다. 그런데 사실 남편은 A형이었다. 혈액형을 잘못 알고 있는 환자를 현장에서 의외로 드물지 않게 만난다. 간단한 검사로 잘못 알던 혈액형을 대부분 바로잡을 수 있다. 희귀한 혈액형인 경우는 혈액형 유전자 검사까지 하면 거의 대부분 오해를 풀 수 있다.

의학적으로 수혈할 때에도 혈액형을 잘못 알면 문제가 된다. Rh(D) 양성으로 알고 있던 사람이 교통사고를 당해 수혈이 필요한 상황이 되었다. 그런데 수혈 전 검사에서 Rh(D) 음성 판정이 나왔다. 자신의 혈액형이 Rh(D) 음성이라는 것을 정확하게 알고 있었다면, 응급 상황에서 즉시 의료진에게 Rh(D) 음성 혈액형임을 알려줄 수 있었을 것이다. 당연히 의료진은 좀더 빠르고 정확하게 대응했을 것이다.

ABO 혈액형 검사와 검사 불일치

ABO 혈액형 검사는 원리가 비교적 간단하고 방법도 쉽다. 검사할 혈액에 시약을 넣은 다음, 응집 여부를 눈으로 보고 판정한다. 최근에는 자동 혈액형 분석기 등 장비를 사용해 ABO 혈액형을 판정하는데, 규모가 작은 병원에서도 자동화장비를 도입하는 경향이 있다. 수작업을 자동화해 인력을 줄이려는 목적도 있지만, ABO 혈액형 판독과 기록 과정의 오류를 줄이려는 목적도 있다.

수혈에서 ABO 혈액형은 매우 중요하다. 따라서 혈구형 검사와 혈청형 검사를 항상 동시에 하는데, 검사 결과가 일치할 경우에만 ABO 혈액형을 최종 판정할 수 있다. 혈구형 검사와 혈청형 검사는 99% 이상 확률로 일치하며, 약 1% 이하로만 불일치 결과가 나온다. 이렇게 두 가지 검사 결과가 다르게 나오는 것을 'ABO 혈액형 검사 불일치(ABO discrepancy)'라고 한다. [참고로 어느 대형 병원에서 분석한 ABO 검사 불일치 빈도는 0.24%였다(Heo et al, 2021).] 이럴 경우 응급 상황을 제외하고는 혈액형 결정을 보류하고, 수혈할 혈액도 출고하지 않는다. 검사를 다시 하거나, 추가 검사를 하거나, 임상 정보를 활용해 원인을 밝힌다. 정확한 혈액형 결정을 위해 일부 검체는 ABO 유전자 검사까지 해야 한다.

ABO 혈액형은 9번 염색체에 있는 유전자가 관여한다. 검사 대상자의 DNA를 얻어, 중합효소 연쇄반응(polymerase chain reaction, PCR)을 실시해 해당 부위 유전자를 증폭한다. 이후 여러 가지 방법(PCR-RFLP, AS-PCR 등)으로 분석한다. 직접염기서열분석법(direct sequencing)을 이용하면, 이미 보고된 혈액형은 물론 새로운 변이도 찾을 수 있다. 차세대 염기서열분석법(next generation sequencing, NGS) 적용도 시도된다. NGS를 적용할 경우에는 ABO 유전자뿐 아니라 임상적으로 중요한 40여 개의 유전자를 동시에 분석할 수 있다. 국내 한 대학병원에서 혈청학적으로 해결되지 않는 혈액형 검사를 NGS로 분석하여 해결한 사례들을 보고한 사례가 있다(Kim et al, 2021). 그러나 2021년 기준 아직 연구 단계이고 임상에서 보편적으로 사용하지는 않는다. 현재 혈액형 유전자 검사는 ABO 유전자 검사, Rh(D) 유전자 검사가 임상에 쓰인다. 기타 혈액형에 대한 유전자 검사는 의료기관이나 공급혈액원에서 제한적으로만 쓰인다.

ABO항체 생성과 세균

우리 몸의 면역 시스템은 항체를 만드는데, 자신의 몸에 없는 항원을 만나면 그 항원에 대한 항체를 만든다. 혈액형과 관련해서는 항원에 어떻게 노출될까? 현재까지 널리 알려진 것은 두 가지, 수혈과 임신이다.

Rh(D) 음성인 사람이 Rh(D) 양성 적혈구제제를 수혈받으면 항-D항체가 만들어진다. 여성에게는 또 하나의 요인이 있다. 바로 임신이다. 임부에게 태아의 혈액은 타인의 혈액이다. 따라서 임신을 한다는 것은 임부가 타인의 혈액에 노출되는 것을 뜻한다. 임신뿐 아니라 아이를 유산하거나, 출산할 때도 태아의 혈액에 노출된다.

그런데 수혈과 임신으로 해석이 안 되는 경우도 있다. 예를 들어 ABO 항체의 생성도 미스테리처럼 보인다. 나는 B형인데 몸속에 항-A항체가 가득하다. 남자라 임신을 한 적이 없고, 평생 수혈을 받아본 적이 없다. 그런데도 몸속에 항-A항체가 가득하다. 어떻게 이럴 수 있을까? 이런 ABO항체는 자연항체라고 불렸었다.

그런데 정말 ABO항체는 항원에 노출되지 않아도 자연스럽게 생겨나는 것일까? 이런 의문은 오래 전에 과학자들이 일부 밝혀냈다. 1959년 미국의 펜실베이니아 대학과 월터리드 연구소 연구팀은 ABO 혈액형 항체 생성의 의문을 풀기 위해 병아리 실험을 했다.

연구자들은 병아리를 3개 군으로 나누었다. 첫 번째 군은 병아리를 무균 환경에 키우면서 무균 사료를 주었고, 두 번째 군은 역시 무균 환경에서 키우면서 세균(대장균)을 섞은 사료를 주었다. 세 번째 군은 무균이 아닌 일반 닭장에서 키웠다. 무균실에서 대장균을 넣은 사료를 먹은 병아리와 일반 환경에서 자란 병아리에서는 ABO 항원에 대한 항체가 생겼고, 무균 환경에서 무균사료로 키운 병아리에서는 ABO 항체가 거의 생기지 않다가 60일 지나면서 조금씩 생겨났다.

병아리 실험 결과 세균(대장균)에 ABO 항원이 있었고, 이 세균에 있는 ABO 항원에 노출되어 면역 시스템이 ABO 항체를 만드는 것으로 밝혀졌다. 이 결과를 사람에게 적용해보면 막 태어난 신생아에게는 ABO 항체가 없지만, 이후 세균에 노출되었을 때 면역 시스템이 ABO 항원에 대한 항체를 만든다고 볼 수 있다. 결국 항-A항체와 항-B항체는 선천적으로 생성된 자연항체가 아니라 세균 등 ABO 항원을 갖는 각종 물질에 노출되어 생성된 것이라고 유추해볼 수 있다.

한편 연구자들은 엄마에게 있는 항체가 태반을 거쳐 넘어 오지 않는 조건에서도 태아 및 신생아의 혈액에서 항-B항체와 항-A항체를 일부 발견했다. 항-B항체와 항-A항체 가운데 일부는 선천적으로 생성될 수 있다는 뜻이었다. 결국 자연항체도 있는 셈이다.

지금까지 연구를 종합해, 내 몸에 가득한 항-A항체의 생성을 유추해보자. 나는 B형이다. 막 태어났을 때 이미 몸에 항-A항체가 소량 있었을 수 있다. 그러나 온 몸에 항-A항체가 가득 차게 된 것은 내가 자연환경에서 각종 세균 등에 노출되면서 만들어졌기 때문일 가능성이 높다.

내 몸속의 세균에는 A항원도 B항원도 있었을 것이다. 나의 면역 시스템은 내가 선천적으로 갖는 B항원에 대한 항-B항체는 만들지 못하고 항-A항체만 만들게 된다. 같은 원리로 A형인 사람의 면역 시스템은 항-A항체는 만들지 못해 항-B항체만 만들었을 것이다. O형은 항-A항체와 항-B항체를 모두 만들고, AB형은 모두 만들 수 없을 것이다. 세균 등에 노출되어 항체를 만들 수 있다는 것은 그 사람의 면역 시스템이 정상이라는 뜻이기도 하다. 무균 환경에서 살고 있지 않은데, ABO항체가 없다면 면역결핍질환을 의심해볼 수 있다. 다만 신생아는 4~6개월 이전에는 ABO 항체가 없거나 낮은 것은 정상이다.

임산부와 태아

태아신생아용혈질환(hemolytic disease of the fetus and newborn, HDFN)은 태반을 통과한 임산부의 항체가 태아나 신생아의 적혈구를 파괴하는 병이다. Rh(D) 음성인 여성이 임신 또는 Rh(D) 양성 혈액 수혈로 Rh(D) 항원에 노출되는 경우가 있다. 이때 임산부에게 IgG 유형의 항-D항체가 생겨난다. 이 항체가 태반을 통과하여 Rh(D) 양성인 태아에게 전달되면 HDFN이 발생한다. 최근에는 Rh(D) 음성 산모의 관리가 잘 되어 항-D항체가 생기는 사례는 드물다. 대신 다른 항체들 때문에 생기는 사례가 상대적으로 눈에 띄기 시작했다. 항-E항체와 항-c항체의 동반이 상대적으로 흔하고, 그 외에도 항-c항체, 항-E항체, 항-Jk(b)항체, 항-M항체 등으로 인한 HDFN이 한국에서 보고되었다.

임산부의 항체가 태아에게 전달된다면 ABO 혈액형에서도 HDFN이 문제되는 것은 아닐까? 답부터 말하면 임상적으로 크게 중요하지 않다. O형인 임산부와 A형인 태아가 있다. O형 임산부가 가지고 있는 IgG 유형의 항-A항체와 항-B항체는 태반을 통과할 수 있지만 이로 인해 태아에게 용혈이 일어나 심각해진 경우는 거의 없다. IgM 유형의 항체를 가지는 A형과 B형 혈액형 임산부의 경우, 항체가 태반을 통과하기 힘들어 HDFN이 생기기 어렵다.

자연선택설의 증거: 더피(Duffy) 혈액형

진화에서 핵심은 '환경을 감당할 수 있는 다양성'이다. 어떤 '종'이 유지되고 있다는 것은, 그 종이 처해 있는 환경에서 수없이 많이 벌어지는 우연한 사건에 적응해 살아남았다는 뜻이다. 높은 곳에 있는 나뭇잎을 먹으려고 해 기린 목이 길어졌다고 생각할 수 있지만, 기린 가운데 목이 긴 녀석들이 높은 나무의 나뭇잎을 먹을 수 있어 살아 남은 것이다. 그리고 목이 긴 기린과 짧은 기린 가운데 목이 긴 녀석이 살아남으면 자신의 '긴 목 유전자'를 후대에 물려준다. 진화의 시간은 한 개체가 경험할 수 있을 만큼의 짧은 시간이 아니라 실감할 수 없지만, 진화의 시간을 거치면 결국에는 목이 긴 기린으로 종이 구성된다.

이렇게 어떤 종이 유지되느냐 멸종하느냐를 결정하는 과정, 즉 진화는 변화무쌍한 자연이 자기에게 가장 적합한 것을 골라내는 것처럼 보인다. 바로 자연선택설이다.

인종 사이의 더피(Duffy) 혈액형 분포 차이가 자연선택설 증거로 활용되기도 한다. 적혈구 표면에 있는 Fy(a)와 Fy(b) 항원은 말라리아가 적혈구 표면을 뚫고 들어가는 데 도움을 주는 단백질이다. 한국인을 포함하여 미국의 백인, 중국인, 일본인을 조사한 결과, 두 항원이 모두 없는 경우[Fy(a-b-)]는 거의 없었다. 즉 한 가지라도 가지고 있는 경우가 대부분이었는데, 이는 말라리아에 감염되었을 때 위험해질 수 있다는 뜻이다. 그런데 아프리카계 미국인의 경우 68%가 두 항원이 없는 혈액형이었다. 자연선택설을 적용해보면 아프리카에서는 말라리아가 흔했고, Fy(a)와 Fy(b) 항원이 있는 경우에는 사망률이 높았을 것이다. 그렇게 세대를 거듭하면서 말라리아 감염에 강한, 두 항원이 모두 없는 경우[Fy(a-b-)]는 자손을 번성시켰을 것이고, 그 흔적이 아프리카계 미국인에게까지 남아 있는 것이다.

Rh(-) 봉사회

한국에서 Rh(D) 음성 혈액 공급은 어느 정도 안정화된 시스템을 갖추고 있다. 그러나 현장에서는 '시스템을 갖추고 있다'는 말보다 '어느 정도'에 집중해야 한다. 모든 의료 현장에서 Rh(D) 음성 혈액 공급이 안정적인 것은 아니기 때문이다.

한국에서 오랫동안 시스템의 불안정을 보완해왔던 것은 '네트워크'였다. Rh(D) 음성 혈액형인 사람들은 오랫동안 비상 연락망을 유지해왔다. 비상 연락망은 1973년에 공식 단체로 창립했고, 1978년에는 '서울 중앙 혈액원 Rh(-) 봉사회'가 되어 전국 네트워크를 구축해 활동하고 있다.

20년도 더 지난 일로, 내가 레지던트 수련을 받던 때였다. 환자에게 수혈을 해야 하는데 공급혈액원에서 Rh(D) 음성 혈액제제가 없다고 해서 매우 당황한 적이 있었다. 급하게 Rh(D) 음성 네트워크에 연락을 했고, 그분들의 도움으로 응급 헌혈을 받아 위기를 넘겼다. 이런 인연으로 Rh(D) 음성 동호회 분들의 모임에도 몇 차례 참석한 적이 있는데, 피로 맺은(?) 네트워크라 그랬는지 끈끈했던 유대감에 놀랐다.

지금은 Rh(D) 음성 혈액제제 공급을 대부분 혈액원이 한다. 네트워크를 통해 의료기관에서 직접 헌혈 후 수혈하는 일은 거의 사라졌다. 응급 상황이라도 헌혈혈액에 시행하는 헌혈자 선별 검사를 철저하게 해야 하는 문제가 있기 때문이다. B형 및 C형 간염 검사, 에이즈 바이러스에 대한 핵산증폭검사(nucleic acid amplification test, NAT)를 하는 시간 등을 고려하면 20년 전처럼 의료기관에서 직접 헌혈 후 간이 검사를 해서 수혈하는 일은 현재 불가능하다.

신생아의 혈액형

ABO 혈액형 검사는 혈구형 검사와 혈청형 검사를 함께 하며, 두 검사의 결과가 일치할 때 혈액형을 판정한다. 그런데 예외가 있다. 생후 3~6개월이 된 아이는 혈구형 검사만 실시한다. 이 시기의 아이들에게는 아직 ABO 혈액형에 대한 항체, 즉 항-A항체나 항-B항체가 낮은 역가로 있거나 없기 때문이다. 항체는 생후 1년 정도 지나야 적정 수준에 도달한다.

A항원이나 B항원은 수정된 지 5~6주 지나면 발견된다. 항원은 혈소판과 혈관내피에서도 찾을 수 있다. 단 탯줄에 있는 혈액을 기준으로 보면 성인 적혈구에 있는 항원보다는 적은 수준이다. 성인 수준이 되려면 2살에서 4살까지 기다려야 한다. 그러나 태아의 적혈구 항원의 감소는 미미하여 혈구형 ABO 혈액형 검사를 할 때는 큰 문제가 없다.

그런데 ABO 아형(亞型)은 일반적인 ABO 혈액형보다 항원 발현이 선천적으로 약하다. ABO 아형은 항원 감소가 확연하여, 태아나 신생아의 혈액형을 검사할 때 오류가 생길 가능성이 있다. 나의 실제 경험인데, 생후 7일이 된 신생아의 혈액형을 검사해달라는 요청이 들어왔다. Rh(D) 양성, O형이었다. 일반적인 결과다. 그런데 신생아의 혈액형을 정확하게 확인하려고 ABO 유전자 검사를 실시하자 결과가 달라졌다. 아이는 O형이 아닌 특이한 B형 유전자를 갖고 있었다. 아이의 아버지는 전형적인 O형이었고, 엄마는 A1B3이라는 변이 혈액형이었다. 아이는 엄마의 특이한 B형 유전자를 물려받았다. 만약 항원이 충분히 성숙하는 2살 이후에 검사를 했다면 B형(정확하게는 B3라는 변이형) 항원을 확인할 수 있는 결과가 나왔을 것이다. 그런데 태어난 지 7일 밖에 지나지 않는 상태여서 O형으로 결과가 나왔던 것이다.

  ABO 아형은 혈액형 검사 과정에 기술적인 오류가 없어도 잘못된 결과가 나올 수 있다. 피할 수 없는 오류인 셈이다. 이런 혈액형 검사의 특성을 고려하지 않으면 신생아 혈액형을 오해하고 불필요한 가족 간 오해를 유발할 수도 있으니 주의해야 한다. 그나마 다행인 것은 ABO 아형은 전체의 약 0.1% 정도로 드물다는 점이다.

실습 1.
ABO 혈액형 검사 불일치에서 수혈

사례 1 약한 적혈구 반응(weak red cell reactivity), ABO 아형

시약	기본 검사					추가 검사	
	항A	항B	A형 적혈구	B형 적혈구	자가 적혈구	항A1 시약	비예기항체
응집강도	4+	3+	-	1+	-	-	음성
유전자 검사	ABO*cisAB.01/ABO*O.01.01						

Q. 검사 결과에 따라 아래의 빈칸을 채우고, 그 이유를 설명하시오.

	분석 결과
혈구형	
혈청형	
추가 검사	
혈액형에 대한 종합 소견	
수혈	

풀이 1 약한 적혈구 반응(weak red cell reactivity), ABO 아형

시약	기본 검사					추가 검사	
	항A	항B	A형 적혈구	B형 적혈구	자가 적혈구	항A1 시약	비예기항체
응집강도	4+	3+	-	1+	-	-	음성
유전자 검사	ABO*cisAB.01/ABO*O.01.01						

해설

혈구형	A1Bweak형. B항원이 4+가 나와야 하는데 3+로 약함.
혈청형	A형. 그런데 B형 적혈구에 응집강도가 3+~4+가 나와야 하는데 1+로 약함.
추가 검사	항A1에서 음성이므로 A형이 아닌 A2형, 자가 적혈구에 응집이 없어 자가 항체가 없다고 판단, 비예기항체 선별 검사에 음성이므로 동종항체가 없다고 판단
혈액형에 대한 종합 소견	A2B3에 항-B항체 있음. B항원이 약하지만 존재하는데, 항-B항체가 생성된다는 것은 B항원이 양적으로도 감소했고, 질적으로도 결함이 있다는 것을 뜻함. 시스AB의 가상 대표적인 예.
수혈	적혈구는 O형, 혈소판과 혈장은 AB형 권장. 적혈구는 A형도 가능하지만 유니버설 블러드로 단순하게 O형을 수혈하는 것을 좀더 권장.

사례 2 약한 적혈구 반응(weak red cell reactivity), 급성골수구성백혈병

시약	기본 검사					추가 검사	
	항A	항B	A형 적혈구	B형 적혈구	자가 적혈구	항A1 시약	비예기항체
응집강도	1+ (치료 후 4+)	–	–	4+	–	– (치료 후 4+)	음성
유전자 검사	ABO*A1.02/ABO*O.01.02						

Q. 검사 결과에 따라 아래의 빈칸을 채우고, 그 이유를 설명하시오.

	분석 결과
혈구형	
혈청형	
추가 검사	
혈액형에 대한 종합 소견	
수혈	

풀이 2 약한 적혈구 반응(weak red cell reactivity), 급성골수구성백혈병

시약	기본 검사					추가 검사	
	항A	항B	A형 적혈구	B형 적혈구	자가 적혈구	항A1 시약	비예기항체
응집강도	1+ (치료 후 4+)	–	–	4+	–	– (치료 후 4+)	음성
유전자 검사	ABO*A1.02/ABO*O.01.02						

해설

혈구형	Aweak형. A항원이 4+가 나와야 하는데 1+로 약하다. 치료 후 정상화 되어 4+를 보였다.
혈청형	A형. 전형적인 A형과 동일함.
추가 검사	항A1에서 음성. 그러나 치료 후에는 4+로 정상화. 자가 적혈구에 응집이 없어 자가항체가 없다고 판단되고, 비예기항체 선별 검사에 음성이므로 동종항체가 없다고 판단.
혈액형에 대한 종합 소견	Aweak. A항원이 백혈병에 의해 일시적으로 약화됨. 수많은 백혈병 환자 가운데 일부 급성골수구성백혈병이나 골수이형성증후군에서 이런 현상이 발견됨. 그러나 림프구성백혈병에서는 이런 현상이 거의 발견되지 않음.
수혈	적혈구, 혈소판, 혈장 모두 A형 혈액제제 권장. 물론 적혈구는 O형도 가능하지만 A형 적혈구를 수혈하는 것이 혼란을 줄일 수 있음. 일시적으로 혈액형 항원이 감소한 현상이며, 혈청형에서 A형 적혈구에 응집반응이 없다는 것은 A형 적혈구를 수혈해도 안전하다는 의미임.

사례 3 의외의 적혈구 반응(extra red cell reactivity) 및
의외의 혈청 반응(extra serum reactivity)

시약	기본 검사					추가 검사	
	항A	항B	A형 적혈구	B형 적혈구	자가 적혈구	항A1 시약	비예기항체
응집강도	4+	+/− (약한 반응)	1+	4+	1+	4+	자가항체

Q. 검사 결과에 따라 아래의 빈칸을 채우고, 그 이유를 설명하시오.

	분석 결과
혈구형	
혈청형	
추가 검사	
혈액형에 대한 종합 소견	
수혈	

풀이 3 의외의 적혈구 반응(extra red cell reactivity) 및
의외의 혈청 반응(extra serum reactivity)

시약	기본 검사					추가 검사	
	항A	항B	A형 적혈구	B형 적혈구	자가 적혈구	항A1 시약	비예기항체
응집강도	4+	+/- (약한 반응)	1+	4+	1+	4+	자가항체

해설

혈구형	A1Bweal형. 항B 시약과 반응에서 +/-로 약한 반응.
혈청형	O형. 그런데 A형 적혈구에 1+로 약한 응집반응이 보임
추가 검사	항-A1항체에서 4+로 전형적인 A형으로 판단. 자가 적혈구에 응집이 있고, 비예기항체 선별 검사에 자가항체로 판단됨.
혈액형에 대한 종합 소견	A형인데 자가항체가 있음. 자가항체는 자기 적혈구뿐 아니라 시약으로 사용하는 A형 및 B형 적혈구에 모두 응집반응을 유발함. 즉 자가항체가 혈구형 검사와 혈청형 검사에서 위양성 반응(가짜 반응)을 유발하여 A형을 A1Bweak형으로 오해를 일으킴.
수혈	적혈구, 혈소판, 혈장 모두 A형 혈액제제 권장. 수혈 전 검사로 교차시험을 하면 약한 응집반응이 관찰되어 교차시험에 완전음성인 혈액을 찾을 수 없음. 이 경우 여러 개의 혈액과 반응하여 최소응집반응을 보이는 최소부적합 혈액(least incompatible blood)을 수혈.

사례 4 약한 혈청 반응(weak serum reactivity), 다량 수액 투여에 의한 희석

시약	기본 검사					추가 검사	
	항A	항B	A형 적혈구	B형 적혈구	자가 적혈구	항A1 시약	비예기항체
응집강도	-	-	3+	-	-	미실시	음성
병력 조회	면역결핍 질환 가능성 없음. 4~6개월 미만의 영유아 아님. 혈청 총 단백질과 글로불린 검사 수치 정상.						
유전자 검사	ABO*O.01.01/ABO*O.01.02						

Q. 검사 결과에 따라 아래의 빈칸을 채우고, 그 이유를 설명하시오.

	분석 결과
혈구형	
혈청형	
추가 검사	
혈액형에 대한 종합 소견	
수혈	

풀이 4 약한 혈청 반응(weak serum reactivity), 다량 수액 투여에 의한 희석

시약	기본 검사					추가 검사	
	항A	항B	A형 적혈구	B형 적혈구	자가 적혈구	항A1 시약	비예기항체
응집강도	-	-	3+	-	-	미실시	음성
병력 조회	면역결핍 질환 가능성 없음. 4~6개월 미만의 영유아 아님. 혈청 총 단백질과 글로불린 검사 수치 정상.						
유전자 검사	ABO*O.01.01/ABO*O.01.02						

해설

혈구형	O형. 전형적인 O형
혈청형	B형. 전형적인 B형
추가 검사	자가 적혈구에 응집이 없어 자가항체가 없다고 판단되고, 비예기항체 선별 검사에 음성이므로 통상항체가 없다고 판단.
혈액형에 대한 종합 소견	O형. 일반적인 O형은 항-A항체 및 항-B항체가 대부분 있지만, 이 경우 항-A항체는 있지만, 항-B항체가 발견되지 않았음. 일반 검사로는 검출되지 않는 소량의 B항원이 존재하는 B아형(B$_{el}$ 등)이 의심된다. ABO 유전자 검사로 전형적인 O형 유전자 보유 확인. 많은 양의 수액 투여로 인하여 혈액 내 ABO 항체가 희석되었고, 항-A항체의 역가가 항-B항체보다 높아, 희석되면서 항-A항체는 응집을 유발할 수준으로 남아 있었는데 항-B항체는 검출한계 이하로 내려온 것으로 의심. 혈청학적 검사 소견은 항-B항체만 선택적으로 감소한 것처럼 보이지만, 항-B항체만 선택적으로 감소하는 상황은 거의 없음. 의료기관에서 비교적 흔하게 발견되는 현상. ABO 불일치의 원인 중 상당수에 해당함.
수혈	적혈구, 혈소판, 혈장 모두 O형 혈액제제 권장.

사례 5 약한 혈청 반응(weak serum reactivity), 면역결핍 환자

시약	기본 검사					추가 검사	
	항A	항B	A형 적혈구	B형 적혈구	자가 적혈구	항A1 시약	비예기항체
응집강도	−	4+	−	−	−	미실시	음성

Q. 검사 결과에 따라 아래의 빈칸을 채우고, 그 이유를 설명하시오.

	분석 결과
혈구형	
혈청형	
추가 검사	
혈액형에 대한 종합 소견	
수혈	

풀이 5   약한 혈청 반응(weak serum reactivity), 면역결핍 환자

시약	기본 검사					추가 검사	
	항A	항B	A형 적혈구	B형 적혈구	자가 적혈구	항A1 시약	비예기항체
응집강도	–	4+	–	–	–	미실시	음성

해설

혈구형	B형. 전형적인 B형.
혈청형	AB형. 전형적인 AB형.
추가 검사	자가 적혈구에 응집이 없어 자가항체가 없다고 판단되고, 비예기항체 선별 검사에 음성이므로 동종항체가 없다고 판단. 항체를 잘 만들지 못하는 면역결핍 환자임. 만약 항체를 만드는 면역세포가 정상이었다면 B형이므로 본인의 항원에 대한 항-B항체는 만들지 못해도, 항-A항체는 높은 역가로 있어야 하는데 만들지 못함.
혈액형에 대한 종합 소견	면역결핍증이 확인된 환자일 혈구형은 전형적인 B형인데, 면역계의 이상으로 항-A항체를 정상적으로 생산하지 못한 사례. ABO 혈액형 잉세를 확인하는 혈청형 검사는 간단한 검사지만, 이 경우처럼 있어야 할 항체가 없다면 항체를 만드는 면역 시스템에 이상이 있음을 알아차릴 수 있음.
수혈	적혈구, 혈소판, 혈장 모두 B형 혈액제제 권장.

사례 6 약한 혈청 반응(weak serum reactivity), 조혈모세포이식(골수이식)

	기본 검사					추가 검사	
시약	항A	항B	A형 적혈구	B형 적혈구	자가 적혈구	항A1 시약	비예기항체
응집강도	−	−	−	2+	−	미실시	음성
병력 조회	원래는 A형이었는데, O형 공여자의 말초혈액조혈모세포를 성공적으로 이식.						

Q. 검사 결과에 따라 아래의 빈칸을 채우고, 그 이유를 설명하시오.

	분석 결과
혈구형	
혈청형	
추가 검사	
혈액형에 대한 종합 소견	
수혈	

풀이 6 약한 혈청 반응(weak serum reactivity), 조혈모세포이식(골수이식)

시약	기본 검사					추가 검사	
	항A	항B	A형 적혈구	B형 적혈구	자가 적혈구	항A1 시약	비예기항체
응집강도	-	-	-	2+	-	미실시	음성
병력 조회	원래는 A형이었는데, O형 공여자의 말초혈액조혈모세포를 성공적으로 이식.						

해설

혈구형	O형. 전형적인 O형.
혈청형	A형. 그런데 전형적인 A형과 비교하면, B형 적혈구에 응집이 2+로 다소 약함
추가 검사	자가 적혈구에 응집이 없어 자가항체가 없다고 판단되고, 비예기항체 선별 검사에 음성이므로 동종항체가 없다고 판단.
혈액형에 대한 종합 소견	이식 후 환자는 O형이 되었음. 원래 정상 O형은 항-A항체와 항-B항체가 있는데 항-A항체는 검출되지 않았음. 환자의 골수는 O형이 되었지만, 그 외 다른 장기와 혈관은 그대로 A형 장기. 따라서 이들 장기에 A항원이 있음. 이식 후 면역세포가 항-A항체를 생성하더라도 혈관 등 장기에 있는 A항원 때문에 검출되지 않은 것으로 추정.
수혈	현재는 이식이 성공적으로 된 상태이므로 적혈구, 혈소판, 혈장 모두 O형 혈액제제 권장. 그러나 이식 과정 중에서는 적혈구는 O형, 혈소판과 혈장은 A형을 수혈한다.

사례 7 의외의 혈청 반응(extra serum reactivity). 비예기항체

시약	기본 검사					추가 검사	
	항A	항B	A형 적혈구	B형 적혈구	자가 적혈구	항A1 시약	비예기항체
응집강도	4+	−	3+	4+	−	4+	항-M항체

Q. 검사 결과에 따라 아래의 빈칸을 채우고, 그 이유를 설명하시오.

	분석 결과
혈구형	
혈청형	
추가 검사	
혈액형에 대한 종합 소견	
수혈	

풀이 7 의외의 혈청 반응(extra serum reactivity), 비예기항체

시약	기본 검사					추가 검사	
	항A	항B	A형 적혈구	B형 적혈구	자가 적혈구	항A1 시약	비예기항체
응집강도	4+	–	3+	4+	–	4+	항-M항체

해설

혈구형	A형. 전형적인 A형.
혈청형	O형. 전형적인 O형.
추가 검사	항-A1시약에 4+를 보여 A2가 아닌 전형적인 A형으로 확인됨. 자가 적혈구에 응집이 없어 자가항체는 없고, 비예기항체 선별 검사에서 항-M항체 발견. B형 적혈구에 M항원 검사 결과 M항원 양성. 즉 A형 적혈구가 응집한 것은 항-M항체에 의한 것임.
셀택킹에 대한 종합 소견	전형적인 A형 환자. 그런데 항-M항세가 동반되어, 혈청형에서 A형 적혈구 시약에 응집반응을 보여 혈청형에 혼란 유발.
수혈	적혈구, 혈소판, 혈장 모두 A형 혈액제제 권장. 단 A형 혈액 가운데 M항원이 음성인 혈액을 추가로 선별해 수혈하는 것을 권장. 만약 M항원 검사가 어려운 경우는 환자의 혈장(혹은 혈청)과 여러 개의 A형 적혈구를 반응하여 음성을 보인 것을 선별하여 수혈.

1장 참고문헌

대한진단검사의학회. 『진단검사의학』, 제6판, 2021

Chang et al. Three cases of anti-K and the KEL gene frequency in the Korean population, Korean J Blood Transfus. 2011

Cho et al. The serological and genetic basis of the cis-AB blood group in Korea. Vox Sang 2004

Heo et al. Analysis of ABO grouping discrepancies among patients from a tertiary hospital in Korea. Under revision, 2021

Kim et al. Utility of blood group genotyping using next-generation sequencing in immunohaematology cases difficult to solve with conventional methods. Transfus Med Hemother. 2021 (in press)

2
시스AB

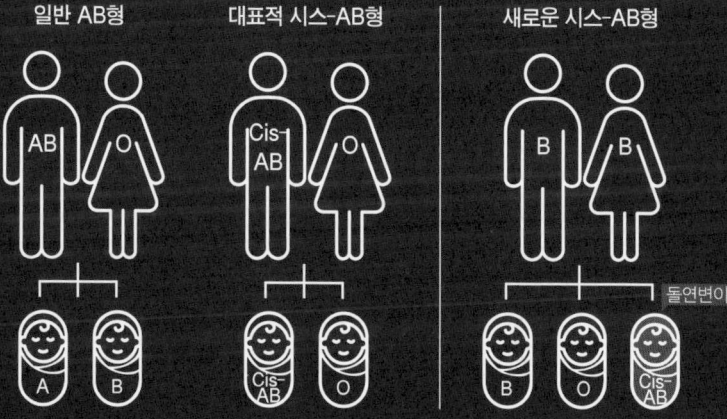

(ex. 시스AB09 혈액형의 시조로 전 세계에 한 명밖에 없을 것으로 추정되는 혈액형)

- ABO 아형의 수혈 혈액제제 선택

  규칙 1 : 적혈구제제는 ABO 아형의 항원보다 약한 것을 선택. (Ax형 → O형)
  (단, 혈청형에서 ABO항체가 없는 경우는 ABO 아형의 항원보다 강한 혈액형을 선택해도 상관없음) (B3형 → B형도 O형도 가능)

  규칙 2 : 혈소판제제와 혈장제제는 ABO 아형의 항원보다 강한 혈액형 선택.
  (B3형 → B형, Ax형 → A형)

ABO 아형(亞型, subtype)

한국에서 ABO 혈액형 검사를 하면 1,000명 가운데 약 999명은 일반적인 혈액형이다. 그런데 1,000명 가운데 1~2명의 혈액형은 특이하다. 예를 들어 혈액형 항원이 약한 것이다. 혈액형 항원이 약해진 원인은 두 가지다. 첫째, 질병 등의 원인으로 일시적으로 약해진 경우다. 예를 들어 급성골수구성백혈병 환자 가운데 일부는 일시적으로 혈액형 항원이 약해지기도 한다. 둘째, 약한 혈액형을 유전받은 경우다. 이를 아형이라고 한다. 적혈구 표면의 항원은 유전자에 의해 결정되는데, ABO 유전자에 변이로 항원이 약해질 수 있다.

ABO 아형은 혈구형과 혈청형 검사 결과가 다른 'ABO 혈액형 검사 불일치 현상'이 흔하다. ABO 혈액형이 일치하지 않으니 혈액형 결정이 늦어지고, 혈액 출고가 늦어지기도 한다. 보통 ABO 아형은 약한 항원때문에 정확하게 검출되지 못하는 경우가 있다. 이 경우 엉뚱한 혈액형으로 판정되기도 한다. 자녀의 혈액형이 예측과 달라 친자를 의심하는 해프닝을 일으키는 원인이 되기도 한다. 예를 들어 A형의 아형 중 항원이 매우 약한 A_{el}은, O형으로 검사 결과가 나오기도 한다. 또는 시스AB형인데 일부 사례는 B형 항원은 매우 적어 검출되지 않고, A만 검출되어 정상 A형으로 잘못 판독되기도 한다.

ABO 아형이 일으킬 수 있는 혼란스러웠던 사례를 보자. 한 헌혈자가 1991년부터 2005년까지 모두 18번에 걸쳐 헌혈을 했다. 그런데 헌혈을 할 때마다 다른 혈액형이 나왔다. 어느 날은 B형, 어느 날은 AB형으로 혈액형이 나왔다. 헌혈자 입장에서는 어처구니가 없었을 것이다. 이 사람에 대한 ABO 유전자 검사 결과는 놀라웠다. 일반 B형 유전자와 함께 전 세계에서 한 번도 보고된 적이 없던 Aw10이라는 희귀 혈액형을 가진 사람이었기 때문이다. Aw10은 A라는 표현형을 가졌지만 약하다(weak)는 뜻이고, 10은 Aw 혈액형 중 10번째로 발견되었다는 뜻이었다(Cho et al, 2006).

ABO 아형은 규모가 작은 병원에서는 확률상 만나기 힘들다. 따라서 모르고 지나가는 실수가 있을 수 있다. 이 이야기는 내가 겪은 실화다. 남편은 자신의 혈액형을 A형, 아내는 자신의 혈액형을 O형으로 알고 있었다. 두 사람 사이에는 자녀가 3명이 있었는데 모두 B형이었다. 상담 시 남편은 아내를 전혀 의심하지 않았다. 자녀들이 자신을 너무 똑같이 닮았다는 것이다. 심지어 불미스러운 일이 이렇게까지 세 번이나 반복해서 있기도 어려웠을 것이다.

동네 병원에서 남편의 혈액형을 세 번 검사했지만 결과는 같았다. 궁금증을 풀고 싶어 대학병원에서 ABO 유전자 검사를 포함하여 혈액형 검사를 다시 받았다. 그런데 ABO 유전자 검사를 실시할 필요도 없었다. ABO 아형을 이미 경험했던 검사자는 ABO 아형임을 바로 알아챘다. 남편에게는 B항원이 약하게 숨어 있었다. 정확하게는 A1B3이라는 혈액형이었다. 아내는 O형이 맞았고, 자녀 3명은 모두 B형이 아니라 B3형이었다. B3은 B항원이 약한 혈액형이다. 이제 퍼즐을 맞춰보자. 남편은 약한 B항원이 숨어 있는 A1B3이라는 혈액형이었지만, 검사자의 부주의로 A형으로 나왔다. 그리고 O형인 아내를 만나 자녀를 낳았는데, 남편의 약한 B형 유전자와 아내의 O형 유전자가 만났다. 자녀들 세 명 모두 B3이라는 혈액형이었다. 결국 ABO 유전자 검사로 가족의 궁금증은 풀렸다.

한국에서의 시스AB

ABO 혈액형 아형 가운데 한국에서 특히 주의를 기울여야 하는 것은 시스AB형이다. 시스(cis)는 '같은 쪽', 트랜스(trans)는 '다른 쪽'이라는 뜻이다. 보통 AB형은 A형 유전자와 B형 유전자를 각각의 부모에게 물려받는다. 이 경우 A형 유전자와 B형 유전자는 서로 다른 염색체에 있게 된다. 보통의 AB형은 트랜스AB형인 셈이다. 반면 시스AB형은 돌연변이로 A형 유전자와 B형 유전자가 하나의 염색체에 같이 존재하게 된다. A형 유전자와 B형 유전자가 같은 쪽에 있어 시스AB형이라 부르며, 트랜스AB형과 대비되는 비정형 혈액형이다.

시스AB형에 대한 가장 오래된 기록은 1929년으로 거슬러 올라간다. 프랑스에서 O형과 AB형의 부모 사이에서 O형의 자녀가 태어난 사례가 보고된 바 있다. 란트슈타이너가 혈액형을 구분한 것이 1900년이고, 업적을 인정받아 노벨 생리의학상을 탄 것이

1930년이니 혈액형 연구 초창기에 발견된 것이었다. 이후 스페인, 폴란드, 영국 등에서도 드물지만 시스AB형이 발견되었다.

이처럼 초기에는 시스AB형이 유럽에서 발견되었다. 그러나 최근에는 한국과 일본에서 주로 발견되고 있다. 1970년대 초 일본에서 시스AB 혈액형 연구가 진행되었다. 때문에 일본에서 시스AB형이 가장 많이 발견되는 것으로 생각했다. 그런데 내 연구에 따르면 시스AB형은 전 세계 인종 가운데 한국인에게서 가장 흔하다 (Cho et al, 2004). 한국에서는 1968년 한국 주둔 미군 병원에서 시스AB형을 가진 한 가계가 처음으로 발견되었다. 첫 사례 확인 후 산발적인 보고들만 있었는데, 2004년 광주·전남 지역 한국인 헌혈자를 조사한 연구가 발표되면서 상황이 달라졌다. 한국인 가운데 시스AB형은 1만 명당 3~4명 꼴로(0.0354%) 일본인보다 약 30배, 중국인보다 약 50배 이상 많았던 것이다. 전 세계적으로 시스AB형은 한국인에게서 발견되는 비율이 제일 높다. 2004년 연구가 발표되기 전까지 시스AB형의 비율이 가장 높은 것으로 여겨졌던 곳은 일본이었다. 규슈(九州)와 시코쿠(四國) 지역에서 시스AB형이 다른 지역에 비해 많이 발견된다. 그래서 광주·전남 지역과 규슈·시코쿠 지역 사이의 고대 시기 교류를 연구하는 이들 가운데는, 두 지역에서 시스AB형이 많이 발견되는 것을 교류의 근거 중 하나로 삼는 듯하다.

시스AB 유전자는 A형과 B형의 특징을 동시에 갖는다. 지금까지 밝혀진 시스AB형 유전자는 약 10종류다. 이 가운데 대부분은

cis-AB01로 A형 유전자의 돌연변이다. A형 유전자의 일부가 B형으로 바뀌어 발생한 것이다. 예를 들어 A형으로 결정하는 주요 유전자를 AAAA라고 하고 B형을 BBBB라고 하면, cis-AB01 유전자는 AAAB다. A가 4개 필요하지만 1개가 없어 불완전하게 약한 A가 된다. B도 마찬가지다. B가 4개 필요하지만 1개만 있으니 B도 불완전하고 약하다. 따라서 시스AB 유전자가 만드는 표현형은 A도 불완전하고, B도 불완전한 Aweak와 Bweak형의 결합인 A2B3라는 기본 표현형이 만들어진다.

시스AB 유전자는 하나의 유전자이고 한쪽 부모에게서 유전된다. 따라서 항상 다른 부모에게서 유전되는 동반 ABO 유전자가 있다. 한국인은 표현형을 기준으로 하면 A형이 가장 흔하지만, 대립유전자를 기준으로 하면 O형 유전자가 가장 흔하다. 따라서 한국인에게서 가장 흔한 시스AB 유전형은 *시스AB/O*형이다. 이런 시스AB 유전자는 O 유전자만 만나는 것이 아니라 A나 B형 유전자를 만날 수도 있다. 이때 각각 *시스AB/A*형, *시스AB/B*형이 된다. 경우의 수가 복잡해져, 적어도 10가지 이상의 표현형이 발견되는 것이다. 연구의 차원에서는 흥미로운 일이지만, 정확한 혈액형을 검사해야 하는 검사자로서는 당황스럽고 괴로운 일이다.

시스AB 형의 유전형 조합							
		시스AB/O형		시스AB/A형		시스AB/B형	
		시스AB	O	시스AB	A	시스AB	B
O형	O	시스AB/O	O/O	시스AB/O	A/O	시스AB/O	B/O
	O	시스AB/O	O/O	시스AB/O	A/O	시스AB/O	B/O
A형	A	시스AB/A	A/O	시스AB/A	A/A	시스AB/A	A/B
	O	시스AB/O	O/O	시스AB/O	A/O	시스AB/O	B/O
B형	B	시스AB/B	B/O	시스AB/B	A/B	시스AB/B	B/B
	O	시스AB/O	O/O	시스AB/O	A/O	시스AB/O	B/O

전 세계에 한 명인 *시스AB09* 혈액형

보통 부와 모에게 절반씩 유전자를 물려받는다고 알려져 있다. 그러나 생명체는 공장에서 찍어내는 기계가 아니다. 칼로 자른 듯 50:50으로 유전자를 물려받는다고 볼 수 없고, 어딘가에는 돌연변이도 반드시 있다. 그럼에도 50:50이라고 말할 수 있는 이유는 대세에 지장이 없다면 50:50으로 봐도 충분하다는 뜻이다.

나는 시스AB형 가족 사례를 수십 건 넘게 직접 경험할 수 있었다. 부모를 검사하면 항상 시스AB 혈액형이 나온다. 그런데 신기하게도 부와 모 모두 시스AB형이 아닌 경우를 공동연구 과정에서 경험할 수 있었다. 처음에는 믿을 수가 없었다. 혈액형 유전 양상을 규명하기 위해 친자를 확인하는 대표적인 검사인 유전자지문검사(short tandem repeat, STR)를 시행하였다. 99.99% 이상으로 틀림없는 친자였다.

부모 모두 B형인데, 그 사이의 자녀가 시스AB형이 있다. 부모에게서 유전되어 전달받은 것이 아니라, 본인의 몸에서 처음 돌연변이가 생겨 발생한 혈액형이었다. 해외 학계에 보고해 *시스AB09*라는 혈액형 유전자 명칭을 부여받았다(Lee et al, 2015). 09는 돌연변이로 발견된 순서를 말하는데, 발견된 시스AB형 돌연변이 가운데 전 세계에서 아홉 번째라는 뜻이다. 이렇게 시스AB09 혈액형을 가진 사람은 전 세계에서 단 한 명이다. 만약 아이를 가져 시스AB09형을 유전하게 되고, 세대를 거쳐 번성하게 되면 시스AB09

혈액형의 시조(始祖)가 될 것이다.

참고로 대부분의 시스AB형은 A형 유전자 가운데 일부가 B형 유전자로 돌연변이가 일어난다(AAAB). 그런데 시스AB09형에서는 한국인에게서 흔한 시스AB형과 달리 B형 유전자 가운데 일부가 A형 유전자로 돌연변이를 일으킨 것이었다(BBAB). 게다가 부모에게서 돌연변이 유전자를 전달받은 것이 아니라 본인의 몸에서 첫 돌연변이를 일으킨 것이었다.

시스AB형 검사와 수혈

시스AB형은 검사실을 힘들게 만든다. 가장 흔한 유형인 A2B3형은 비교적 널리 알려진 편이다. 그러나 그 이외 유형은 경험 많은 검사자도 잘못 판독할 수 있다. 또한 시스AB형이 익숙하지 않은 현장에서는 시스AB형으로 추정되는 환자에게 수혈하는 것에 부담을 느낀다. 예전에는 희귀혈액형의 가족수혈처럼, 같은 시스AB형 혈액형을 가지고 있는 가족의 혈액을 헌혈받아 수혈하기도 했었다. 그러나 지금은 권장되지 않는다. 가족 수혈은 일반 수혈보다 수혈관련이식편대숙주병(transfusion associated graft-versus-host disease, TA-GVHD)이 일어날 가능성이 높기 때문이다. TA-GVHD가 일어나지 않게 하려면 수혈할 혈액에 방사선 조사를 해야 한다. 과정과 절차가 복잡하다.

시스AB형은 검사가 까다롭고 유전되는 양상도 복잡한, 불편한 혈액형이다. 그러나 진단만 확실하게 하면 수혈 그 자체는 상대적으로 간단하고 안전하다. 유니버설 블러드를 활용하는 방법이다. 현 질병관리청이 아직 질병관리본부이던 2016년에, 대한수혈학회와 함께 발간했던 『수혈가이드라인』(제4판)에는 시스AB형 수혈에 대한 예제가 기술되어 있다.

"A2B3형이 의심된 경우에는 적혈구는 O형 또는 A형(혈청형에서 A cell에 응집이 없는 경우)을, 혈장과 혈소판은 AB형을 수혈하고, 가족조사 혹은 ABO 유전형 검사를 통해 시스 AB형을 확진하여 기록으로 남겨야 한다." _ 『수혈가이드라인』(제4판) p.16.

유니버설 블러드는 혈액형을 정확히 모르지만 바로 수혈을 해야 하는 응급 상황일 때 쓰는 혈액제제다. 유니버설 블러드로는 O형 적혈구, AB형 혈소판과 혈장을 사용한다. 시스AB형 유형에 따라 다르지만, 가장 흔한 시스AB형인 A2B3형 환자는 유니버설 블러드로 간편하면서도 안전하게 수혈할 수 있다. 시스AB형의 세부 유형에 따라 다르게 수혈할 수도 있다. 그러나 수혈정책은 'Simple is the best'여야 한다. 헷갈리지 않게 유니버설 블러드를 수혈하는 것이 가장 실용적이고 안전한 방법이다.

나는 시스AB형 수혈에 대한 질문을 여러 경로로 받고, 외래에서 직접 경험하기도 한다. 혈액형이 시스AB형인 30대 임부가 있었다. 임부와 태아 모두 건강했고, 다른 모든 상황도 일반적인 사례와 같았다. 임신 기간 동안 집 근처 산부인과를 다녔는데, 출산이 다가오면서 1시간 거리의 대형 종합병원으로 옮긴 사례였다. 임부는 평소 다니던 산부인과에서 출산을 희망했지만, 해당 산부인과에서는 임부의 혈액형이 시스AB형이라는 사실을 확인하고 수혈에 대한 부담 때문에 큰 병원으로 보낸 것이었다. 대부분의 정상 출산에서 수혈은 필요 없지만, 산부인과 의사 입장에서는 비상 상황도 대비할 필요가 있었다. 해당 산부인과에서는 혹시 모를 일을 대비하는 차원에서, 시스AB형 혈액 준비를 검토하다가 결국에는 큰 병원에 맡기기로 결정한 것이다.

검사 결과 시스AB형인 것이 확실했다. 나는 해당 병원의 산부인과 전문의와 혈액은행 담당자에게 시스AB형 수혈 요령을 알려주고, 2016년에 전면개정한 수혈가이드라인 정보도 보내주었다. 그리고 외래로 찾아온 임부에게 자세한 내용을 설명하고, 원래 다니던 산부인과 병원에서 출산할 수 있도록 안내했다. 임부는 집 근처에 있는, 원래 다니던 병원에서 출산할 수 있게 되었다고 기뻐했다.

실습 2.

ABO 아형(subtype)에서 수혈

사례 1

		혈구형			혈청형		수혈	
		항A	항A1	항B	A cell	B cell	적혈구	혈소판/혈장
A형	A	4+	4+	-	-	4+		
A 아형	A2	4+	-	-	-	4+		
	A3	2+	-	-	-	4+		
	Aweak (Am, Ax, Ael 등)	- ~ +/-	-	-	+/-	4+		
B형	B	-	N/A	4+	4+	-		
B 아형	B3	-	N/A	2+	4+	-		
	Bweak (Bm, Bx, Bel 등)	-	N/A	- ~ +/-	4+	+/-		
AB형	AB	4+	4+	4+	-	-		
AB 아형	시스 A1B3	4+	4+	2+	-	- ~ 2+ (대부분 양성)		
	시스 A2B	4+	-	4+	- ~ 2+	-		
	시스 A2B3	4+	-	2+	- ~ 2+	- ~ 2+ (대부분 양성)		
	A2B	4+	-	4+	- ~ 2+ (대부분 음성)	-		

071 시스AB

풀이 1

		혈구형			혈청형		수혈	
		항A	항A1	항B	A cell	B cell	적혈구	혈소판/혈장
A형	A	4+	4+	-	-	4+	A	A
A 아형	A2	4+	-	-	-	4+	A	A
	A3	2+	-	-	-	4+	A	A
	Aweak (Am, Ax, Ael 등)	- ~ +/-	-	-	+/-	4+	O	A
B형	B	-	N/A	4+	4+	-	B	B
B 아형	B3	-	N/A	2+	4+	-	B	B
	Bweak (Bm, Bx, Bel 등)	-	N/A	- ~ +/-	4+	+/-	O	B
AB형	AB	4+	4+	4+	-	-	AB	AB
AB 아형	시스 A1B3	4+	4+	2+	-	- ~ 2+ (대부분 양성)	O or A	AB
	시스 A2B	4+	-	4+	- ~ 2+	-	O	AB
	시스 A2B3	4+	-	2+	- ~ 2+	- ~ 2+ (대부분 양성)	O or A	AB
	A2B	4+	-	4+	- ~ 2+ (대부분 음성)	-	AB (O도 가능)	AB

2장 참고문헌

Cho et al. The serological and genetic basis of the cis-AB blood group in Korea. Vox Sang 2004.

Cho et al. Serologic variability of the A(var) (784G〉A) and its property of different expression depending on co-inherited ABO allele. Korean J Blood Transfus. 2006

Chun et al. Cis-AB, the blood group of many faces, is a conundrum to the novice eye, Ann Lab Med. 2019

Lee et al, A novel cis-AB variant allele arising from a de novo nucleotide substitution c.796A〉G (p.M266V) in the B glycosyltransferase gene. Transfus Med. 2015

Yamaguchi H. A review of cis-AB blood. Jinrui Idengaku Zasshi 1973; 18:1-9.

Rh(D)

수혈		일반	Rh(D) 음성 혈액제제가 없는 응급 상황
Rh(D) 음성	적혈구	Rh(D) 음성 적혈구	Rh(D) 양성 적혈구 (RhIG 투여 금지)
	혈소판	Rh(D) 음성 혈소판	Rh(D) 양성 혈소판 (가임기 여성은 RhIG 투여 권장)
	혈장	Rh(D) 음성 혈장	Rh(D) 양성 혈장 (RhIG 투여 불필요)
Rh(D) 음성 (DEL형, 1227 G>A)	혈장도 안전할 것으로 판단되지만, 임상시험데이터 부족으로 원칙적으로 Rh(D) 음성 적혈구/혈소판/혈장 권장됨.	Rh(D) 양성 적혈구/혈소판	Rh(D) 양성 적혈구 (RhIG 투여 금지)
			Rh(D) 양성 혈소판 (가임기 여성도 RhIG 투여 불필요할 것으로 추정)
			Rh(D) 양성 혈장 (RhIG 투여 불필요)
			RHD 유전자 검사로 1227G>A가 확인된 경우만 해당
Rh(D) 변이형 (약D형과 부분-D형)	적혈구	Rh(D) 음성 적혈구	Rh(D) 양성 적혈구 (RhIG 투여 금지)
	혈소판	Rh(D) 음성 혈소판	Rh(D) 양성 혈소판 (중례에 따라 판단)
	혈장	Rh(D) 음성 혈장	Rh(D) 양성 혈장 (RhIG 투여 불필요)
약D형(1,2,3형)	Rh(D) 양성 적혈구/혈소판/혈장도 안전할 것으로 판단할 것으로 판단되지만, 한국인 임상시험데이터 부족으로 원칙적으로 Rh(D) 음성 적혈구/혈소판/혈장도 권장		Rh(D) 양성 적혈구 (RhIG 투여 금지)
			Rh(D) 양성 혈소판 (가임기 여성도 RhIG 투여 불필요할 것으로 추정)
			Rh(D) 양성 혈장 (RhIG 투여 불필요)
			한국인에게 드문 경우로, 실제 환자를 만나기 어려움
Rh(D) 양성	적혈구	Rh(D) 양성 적혈구	Rh(D) 음성
	혈소판	Rh(D) 양성 혈소판	적혈구/혈소판/혈장
	혈장	Rh(D) 양성 혈장	수혈도 안전함

한국인 Rh(D) 음성 비율과 적혈구 수혈

한국은 Rh(D) 음성 환자의 수혈에 대한 대비가 필요하다. 한국에서 Rh(D) 음성 혈액형인 사람은 전체 인구의 약 0.15~0.33% 정도다. 혈액은행에 충분한 혈액을 항상 갖추어두기 어려워 Rh(D) 음성 혈액 재고가 없는 응급 상황이라면 낭패다.

여성의 경우는 임신이라는 요인도 문제다. Rh(D) 음성인 여성이 Rh(D) 양성인 태아를 임신한다는 것은, 태아의 Rh(D) 양성 항원에 노출된다는 뜻이다. Rh(D) 양성 항원에 노출되면 Rh(D) 음성인 임부의 몸에서 항-D항체가 만들어진다. 이렇게 항-D항체가 생겨버리면 문제가 복잡해진다. 두 번째 임신과 출산에 영향을 줄 수 있기 때문이다.

두 번째 임신을 하면 항-D항체가 태반을 타고 태아에게 전달된다. 태아는 대부분 Rh(D) 양성이다. 이는 한국인 남성 대부분이 Rh(D) 양성이기 때문이다. 태반을 통과한 항-D항체는 태아의 Rh(D) 양성 적혈구와 결합해서 용혈을 일으킬 수 있고, 핵황달을 유발하여 태아의 지능이 낮아지거나, 심각한 경우 유산되는 경우도 있다. 따라서 남성 혹은 폐경기 이후의 여성과 달리 Rh(D) 음성인 가임기 여성은 수혈에서 고위험군으로 분류된다. 최근에는 Rh(D) 음성인 임산부 관리를 잘 하여 임신 28주와 출산 직후 Rho(D) immune globulin(RhIG, Rho GAM, 로감)을 투여한다. RhIG는 태아의 적혈구 Rh(D) 양성 항원과 결합하여 양성 항원을 중화시키는 역할을 한다.

고위험군으로 분류된 가임기 여성과 달리, 남성 혹은 폐경기를 거친 Rh(D) 음성 혈액형 여성은 보통위험군으로 다룬다. 수혈하지 않으면 생명이 위험한데, ABO 혈액형과 동일한 Rh(D) 음성 혈액이 준비되지 않은 불가피한 경우 ABO 혈액형을 다르게 줄 수 있다.[예: A, Rh(D) 음성 환자에게 O, Rh(D) 음성 혈액 수혈] 그럼에도 Rh(D) 음성 혈액이 없으면 Rh(D) 양성 적혈구를 수혈할 수 있다. 수혈 후 이 때문에 항-D항체가 생겨도 그 항체와 결합할 항원이 없는 Rh(D) 음성 환자이므로 당장은 문제가 되지 않는다. 문제는 앞으로 있을지도 모르는 다음 수혈이다. 항-D항체가 생기면 대부분 평생 몸속에 남는다. 따라서 이후로는 아무리 응급 상황이어도 Rh(D) 양성 적혈구를 수혈할 수 없다. 용혈수혈반응으로 사망할 수 있기 때문이다. 또한 가임기 여성은 더이상 건강한 아이를 낳을 수 없을 가능성이 높다. 따라서 수혈하지 않으면 사망할 정도로 위험한 상황인데 Rh(D) 음성 혈액 재고가 없는 경우를 빼고, Rh(D) 음성 환자에게는 Rh(D) 음성 혈액을 수혈해야 한다.

Rh(D) 음성 혈소판과 혈장 수혈

Rh(D) 음성 환자 수혈 문제에서 대부분은 적혈구 수혈에 초점을 맞추는 경향이 있다. 그러나 혈소판도 문제가 된다. 혈소판 보관 기간은 5일이다. 즉 Rh(D) 음성 혈소판 재고는 늘 부족하다고 봐야 한다. 따라서 현장에서 Rh(D) 음성 혈소판이 없을 때 ABO 혈액형이 일치하지 않는 Rh(D) 음성 혈소판이나 Rh(D) 양성 혈소판을 수혈하기도 한다. 이때는 RhIG를 환자에게 주사한다. RhIG는 혈소판 제조 과정에서 어쩔 수 없이 소량 혼입된 Rh(D) 양성 적혈구를 감싸서 면역 시스템에 노출되는 것을 막아준다. 항-D항체가 생기지 않게 하는 예방법이다. 가임기 여성에게는 응급 상황을 제외하고는 필수적으로 RhIG 투여를 권장한다. 반면 일부 혈액종양 환자에게는 RhIG를 투여하지 않아도 항-D항체가 생길 확률이 2~3%로 낮다. 단 확률이 낮더라도 항-D항체가 만들어지는 것을 최대한 예방하는 것을 권한다.

    RhIG 투여에 대해 받는 질문이 있다. Rh(D) 양성 혈소판 수혈처럼, Rh(D) 양성 적혈구를 수혈한 다음 RhIG를 처방해도 되는지에 대한 질문이다. 혈소판 수혈에서 RhIG는 수혈할 때 함께 따라 들어가는 소량의 적혈구를 중화하기 위해 투여한다. 그런데 적혈구가 대량으로 들어가는 적혈구 수혈에서 RhIG는 중화 역할을 하지 못하며 오히려 용혈을 유발할 수도 있다. 따라서 RhIG를 투여해서는 안 된다.

    Rh(D) 음성 환자에게 수혈할 Rh(D) 음성 혈장이 없는 경우는 상대적으로 드물다. 신선동결혈장은 1년 동안 보관할 수 있기 때문이다. 보관 기간이 5일인 혈소판과는 다르며, 혈액 재고 관리가 상대적으로 안정적이다. 그러나 대량수혈이 필요한 경우에는 부족할 수 있다. 이럴 경우 어쩔 수 없이 Rh(D) 양성 혈장을 Rh(D) 음성 환자에게 수혈해야 한다. 혈액제제 제조 과정이 완벽하다면 원칙적으로는 문제가 되지 않는다. 보통 원심분리 과정을 거쳐 적혈구를 걸러내기 때문이다. 종합해보면 응급 상황에서는 Rh(D) 양성 혈장을 Rh(D) 음성 환자에게 수혈할 수 있으며, RhIG를 투여하지 않아도 된다.

Rh(D) 음성 혈액이 없는 응급 상황

다급한 전화를 받으면, Rh(D) 음성 수혈 문제에 대한 건이 많다. Rh(D) 음성 혈액은 보관하고 있는 양이 많지 않은데, ABO 혈액형까지 맞추면 수혈할 수 있는 혈액이 없는 경우가 생긴다. 이렇게 ABO 혈액형이 맞는 것이 없다면 ABO 혈액형을 따져보아 가능한 수혈을 우선 고려할 수 있다. Rh(D) 음성, A형인 환자에게 딱 맞는 혈액이 없으면 Rh(D) 음성, O형 적혈구제제를 수혈하면 된다. 만약 혈장과 혈소판이 없으면 혈장은 Rh(D) 음성 AB형을 수혈한다. 재고가 더 없을 가능성이 높은 혈소판은 AB형, B형, O형을 수혈할 수 있다.

그럼에도 사용 가능한 Rh(D) 음성 혈액제제의 재고가 없는 경우가 있다. 환자에게 수혈하지 않으면 사망에 이를 수 있는 응급 상황이면 Rh(D) 양성 혈액 수혈을 고려한다. 우선 따질 것은 환자가 어떤 위험군에 속해 있는지다. 남성이나 폐경기 이후 여성은 보통 위험군, 가임기 여성은 고위험군에 속한다. 서둘러 비예기항체 선별 검사를 실시해 항-D항체가 음성인지 확인하는 것이 필요하다. 대부분은 항-D항체가 없다. 항-D항체가 없는 보통위험군으로 분류되는 남성과 폐경기 이후 여성에게는 Rh(D) 양성 혈액을 수혈할 수 있다.

그러나 가임기 여성인 경우 Rh(D) 양성 혈액 수혈을 한 번 더 주저할 수밖에 없다. 다만 수혈을 하지 않으면 생명이 위독한 상황에서는, 환자나 보호자에게 위험성을 알리고 Rh(D) 양성 혈액을 수혈할 수 있다. 교과서적인 원칙이고 국가 수혈가이드라인에서도 인정하는 수혈 원칙이다.

Rh(D) 음성과 임신

아빠와 엄마, 딸로 이루어진 가족이 있다. 딸은 성인이 되어 결혼했고 아이를 가졌다. 그런데 혈액형 검사를 해보니 딸의 혈액형이 Rh(D) 음성이었다. 아빠와 엄마는 두 가지 궁금증에 빠진다. 첫 번째 궁금증은 딸이 Rh(D) 음성인데 앞으로 어떻게 해야 하는 것인가? 두 번째 궁금증은 아빠도 Rh(D) 양성이고 엄마도 Rh(D) 양성인데 딸은 어떻게 Rh(D) 음성일 수 있을까?

유럽 사람들 가운데 Rh(D) 음성은 전체 인구의 약 15%인데,

한국인은 전체 인구의 약 0.15~0.33% 정도다. Rh(D) 음성이 이렇게 적다는 것은, 한국에서 Rh(D) 양성 부모 사이에 Rh(D) 음성 자녀가 흔하다는 뜻이기도 하다. Rh(D) 양성인 경우는 유전자 쌍이 둘 다 강한 D인 경우(D/D)도 있지만, 강한 D와 약한 d가 만나는 경우(D/d)도 있다. 만약 부모 모두 D/d 유전자였다면, 약한 d끼리 조합되어 d/d 유전형인 Rh(D) 음성 아이가 태어난다. 속마음이 타 들어갔던 두 번째 궁금증을 해결했으니, 의학적으로 더 중요한 첫 번째 궁금증을 해결해보자.

Rh(D) 음성 여성은 임신을 준비할 때 주의해야 한다. 한국에서 Rh(D) 음성 임부의 태아는 대부분 Rh(D) 양성이다. 남편이 Rh(D) 양성일 확률이 높기 때문이다. 임부에게 Rh(D) 양성인 태아가 생기면, Rh(D) 양성인 태아 혈액에 Rh(D) 음성인 임부가 노출될 수 있다. 첫 임신이라면 태아에게 큰 문제될 것은 없다. 그러나 예방조치를 취하시 않는다면 Rh(D) 음성인 엄마에게는 변화가 생긴다. 임신과 출산 과정에서 Rh(D) 양성인 아이의 혈액에 노출되어 항-D항체가 생길 수 있기 때문이다. 이럴 경우 두 번째 태아가 건강하게 태어나지 못할 확률이 있다. 임신 초기에 유산을 한 경우에도 마찬가지로 Rh(D) 양성 항원에 노출되는 셈이어서 예방조치를 받아야 한다.

첫 임신에서 Rh(D) 음성인 임부에게 RhIG를 처방하면, 태아로부터 전달받는 소량의 Rh(D) 양성 혈액을 대부분 중화시킬 수 있다. 임부에게 항-D항체가 만들어지는 것을 방해하는 조치다. 이렇게 RhIG 처방이 잘 이루어지면 다음에도 건강한 아이를 출산할 수 있다.

그러나 RhIG를 처방하는 예방조치가 잘 되지 않는다면 임부에게 항-D항체가 생길 수가 있다. 두 번째 임신을 했을 때, 임부의 항-D항체가 태반을 타고 태아의 Rh(D) 양성 적혈구와 결합해 용혈을 일으킨다. 용혈이 되면 혈구가 깨지면서 나오는 빌리루빈(bilirubin)이라는 물질이 태아의 뇌에 쌓여 지능이 낮은 상태로 태어나기도 하며, 심하면 유산된다. 중요한 것은 항-D항체다. 여성의 몸에 항-D항체가 생기지 않게 예방만 잘하면, 태아는 안전하다. 다행스럽게도 한국은 Rh(D) 음성 임산부 관리를 잘 하고 있는 나라로 평가받는다.

항-D항체나 기타 항체가 생긴 임부와 태아

Rh(D) 음성일 경우 수혈에 대해 느끼는 공포는 크다. 희귀혈액형이라 수혈을 받아야 할 때 받지 못할 수도 있다는 두려움, 가임기 여성의 경우 태아가 위험해질 수 있다는 두려움 등을 현장에서 흔하게 볼 수 있다. 2021년을 기준으로 보면, 평균적인 산부인과 등에서는 Rh(D) 음성 임부를 대상으로 한 예방조치가 잘 이루어지고 있는 편이다. RhIG 투여 등의 방법이 있기 때문에 과거와 달리 항-D항체로 태아가 사망하는 사례도 드물다.

Rh(D) 음성 임부에게 항-D항체가 발생하는 경우가 여전히 있겠지만, 그 수는 과거에 비해 크게 줄었다. 이는 RhIG 사용의 효과로 판단된다. 오히려 다른 혈액형에 대한 항체 [항-E, 항-c, 항-C, 항-k, 항-Kp(a), 항-Kp(b), 항-Ku, 항-Js(a), 항-Jk(a), 항-Fy(a), 항-Fy(b), 항-S, 항-s, 항-U 항체 등] 로 인하여 태아가 위험해지는 경우가 있다(진단검사의학, 2021) 드문 사례지만 혈액형 항체 문제로 유산을 네 번이나 겪은 경우도 있었다. 문제가 되었던 항체는 항-D항체가 아니라 항-E 등의 기타 Rh 계열의 여러 항체가 산모 혈장에 있었던 것이다. 해당 항체가 발생하지 않았으면 좋았겠지만 일단 발생하면 해당 항체의 역가를 떨어뜨리는 혈장교환술을 실시한다. 항체가 있는 임부의 혈장을 빼고, 항체가 없는 혈장을 임부에게 주입한다. 출산할 때까지 주기적으로 혈장교환술을 실시해 항체의 역가를 낮춘다. 또한 자궁내수혈을 하거나, 면역글로불린 요법(Intravenous Immunoglobulin)을 실시한다.

Rh(D) 음성 혈액 수혈 후 항-D항체의 발생

Rh(D) 음성 혈액형이라고 알고 있는 한국인 약 15~20%는 진짜 Rh(D) 음성이 아닌 Rh(D) 변이형이다. 중국인은 비율이 더 높아 약 30%가 변이형이다. *RHD* 유전자 엑손 9번 염기서열 가운데 1227번 염기는 원래 G인데 A로 변한 변이다(1227G>A). 이 유전자

변이가 있는 혈액형은 델(DEL)이라는 혈액형 범주로 따로 구분한다. 특히 이 유형을 아시아형 델(DEL)이라고도 부른다. 유럽에서는 거의 볼 수가 없으며 한국, 중국, 일본 등 아시아인에게서는 상대적으로 흔하다(Seo et al, 2016; Shao CP, 2010).

대한적십자사가 Rh(D) 음성 혈액을 분석한 연구에 따르면, 헌혈을 받은 전체 Rh(D) 음성 혈액 가운데 17.1%는 변이형이었다. 변이형 가운데 대부분(93.3%)은 아시아형 델(DEL) 혈액형(1227G〉A)이었다(Kim et al, 2005).

한국에 아시아형 델(DEL) 혈액형이 본격적으로 알려진 것은 2009년 사례 이후다. 68세 Rh(D) 음성, O형, 남자에게 Rh(D) 음성 혈액을 수혈했는데, 항-D항체가 생겼다. 환자는 수술 후 출혈로 Rh(D) 음성 적혈구를 2단위씩 2차례 총 4단위 수혈받았다. 마지막 수혈 후 9일이 되었을 때 환자에게 항-D항체가 생겼다. 만약 환자가 가임기 여성이었다면 난리가 났을 상황이었다.

의료진은 Rh(D) 음성 환자에게 Rh(D) 음성 혈액을 수혈했음에도 항체가 생긴 이유를 찾아보기로 했다. 환자에게 혈액을 공여한 Rh(D) 음성 헌혈자 4명의 혈액으로 유전자 검사를 실시했다. 그런데 1명이 아시아형 델(DEL) 혈액형(1227G〉A)이었다(Kim et al, 2009).

이런 경우가 한국에서는 드문 사례라고 여겨졌지만, 사실 종종 발생하고 있었다. 한국 의료기관에서 암 수술을 받은 64세 러시아 남자가 수혈을 받았다. 그는 자신의 혈액형을 Rh(D) 음성으로 알고 있었고, 검사에서도 Rh(D) 음성으로 나왔다. Rh(D) 음성 혈액을 수혈했는데, 항-D항체가 생겼다. 역시 헌혈자 혈액을 유전자 검사 해보니 아시아형 델(DEL) 혈액형(1227G>A)이었다(Yang et al, 2015). 이 사례들뿐만이 아니었다. 54세 Rh(D) 음성 여자 환자가 암 수술 후 적혈구 2단위를 수혈받았는데, 아시아형 델(DEL) 혈액형(1227G>A) 헌혈자의 적혈구를 수혈받아 항체가 생기는 일도 보고되었다(Yoon et al. 2016). 실제 사례는 논문에 보고된 것보다 더 많을 것으로 보인다.

이 사례들은 혈액원에서 실시한 일반적인 혈액형 검사로는 확인할 수 없었고, 유전자 검사를 한 다음에야 아시아형 델(DEL) 혈액형(1227G>A)이었음을 확인할 수 있었다. 혈액원의 혈액형 검사 정책을 바꿔야 하는 중대한 문제였다. 기본적인 혈청학적 혈액형 검사만으로 Rh(D) 음성 판정은 위험하며, 유전자 검사를 거치는 것으로 정책 방향을 수정해야 한다. 당시 한국에서는 이런 일은 처음이었고 비용 대비 효능 등 여러 측면을 고려해야 했으므로, 혈액원 검사 정책을 곧바로 바꿀 수는 없었다. 그러나 그 후 더 많은 사례가 계속 보고되고 있어 이제는 공급혈액원의 Rh(D) 검사 정책 변화가 필요한 시기이며, 변화를 준비하고 있는 듯하다.

Rh(D) 음성 환자에게 Rh(D) 양성 혈액을 안전하게 수혈하기

2010년 챠오 펑 샤오(Chao-Peng Shao)는 『뉴잉글랜드저널 오브 메디신(The New England Journal of Medicine, NEJM)』에 논문을 발표했다. 연구팀은 '항-D항체가 발생한 Rh(D) 음성 임산부 104명'을 조사했다. Rh(D) 양성 아이를 낳았으나, RhIG로 예방조치를 하지 않아 항-D항체가 발생한 사례들일 것이다. 중국인은 Rh(D) 음성자 중 순수한 Rh(D) 음성과 아시아형 델(DEL)의 비율이 7:3 정도이다. 그런데 항-D항체가 생긴 임산부 104명 가운데 아시아형 델(DEL)형은 단 1명도 없었다. 이런 결과는 아시아형 델(DEL)형은 D항원에 노출되어도 항-D항체를 만들지 않는다고 생각할 수 있게 해주었다.

더 확실한 결론을 얻기 위해 연구팀은 199명의 Rh(D) 음성 임산부를 추가로 조사했다. 199명 가운데 155명은 순수 Rh(D) 음성이었고, 44명은 아시아형 델(DEL)이었다. 아시아형 델(DEL)의 경우 단 한 예에서도 항-D항체가 발생하지 않았다. 반면 순수 Rh(D) 음성인 경우는 24.5%(155명 중 38명)에서 항-D항체가 생겼다. 두 번에 걸친 조사를 바탕으로 연구팀은, 아시아형 델(DEL)형이 임신과 출산 과정에서 D항원에 노출되어도 항-D항체를 만들지 않으며, 더 나아가 Rh(D) 양성 혈액을 수혈해도 안전하다는 주장으로 이어갔다. NEJM 편집진은 이를 인정했다. 아시아형 델(DEL)은 기본 혈청학적 검사로는 Rh(D) 음성으로 잘못 분류되는 혈액형이므로 놀라운 발견이었다. 이후 또 다른 연구에서 아시아형 델(DEL) 혈액형을 가진 여성은 Rh(D) 양성 아이를 가져도 임신 28주와 출산 직후에 RhIG를 처방하지 않아도 된다고 보고했다.

이러한 연구는 한국에도 영향을 끼쳤다. 2021년 기준 한국에서는 Rh(D) 음성 혈액제제가 없으면 아시아형 델(DEL)에게 Rh(D) 양성 혈액을 수혈할 수 있다. 그런데 산부인과 영역에서는 아시아형 델(DEL)형 여성이 Rh(D) 양성인 아이를 임신하고 출산할 때 RhIG 처방을 생략할 수 있는지에 대해서 아직 진료 가이드라인에서 다루고 있지 않은 듯하다.

한국인 Rh(D) 음성 5명 중 1명은 아시아형 델(DEL)이다. Rh(D) 음성처럼 보이지만 모두 순수한 Rh(D) 음성은 아니므로, Rh(D) 음성 판정을 받았다면 *RHD* 유전자 검사를 해두는 것을 권한다.

샤오의 말대로 아시아형 델(DEL)인 사람에게 Rh(D) 양성 혈액을 수혈해도 안전할까? 샤오의 연구팀은 메커니즘을 밝혔다. 아시아형 델(DEL)인 사람의 적혈구 표현에는 D항원이 극소량 있다. 양이 너무 적어 일반 검사로는 Rh(D) 음성으로 결과가 나온다. [정밀한 흡착 및 해리 검사법이나 *RHD* 유전자 검사로 D항원을 찾아낼 수 있다.] 어쨌건 아시아형 델(DEL) 혈액 적혈구에는 소량이나마 D항원이 있는 것이다.

샤오의 연구팀은 아시아형 델(DEL)의 D항원은 극소량이어도 에피토프(epitope)가 완전하다(the complete repertoire of RhD antigen epitopes)는 것을 밝혔다. 에피토프가 완전하면 면역 시스템에서는 비록 D항원의 양은 적을지라도 이미 D항원을 인지하였기 때문에 더 많은 D항원에 노출되었다고 해도 항-D항체를 만들지 않는다.

이렇게 아시아형 델(DEL)인 사람에게 Rh(D) 양성 혈액을 수혈해도 괜찮다는 것이 실험적인 방법으로 입증되었지만, 의료 현장에서 곧바로 받아들이기에는 여전히 부담스럽다. 현장에서 수혈이 이루어지려면 임상 경험이 쌓였거나 임상시험을 통과해야 한다. 문제는 희귀혈액형의 '희귀하다는 특성' 때문에 충분한 임상 경험과 임상시험 결과를 얻기 어렵다는 점이다.

2010년 샤오가 논문을 발표하기 전인 2006년, 나는 아시아형 델(DEL) 혈액형 환자에게 Rh(D) 양성 혈액제제를 수혈했던 경험이 있다. 66세 남자 환자가 응급실로 들어왔다. 헤모글로빈 수치는 9.3g/dL으로 비교적 안정적이었는데, 갑자기 다량의 흑변과 토혈이 발생하여 7.9g/dL, 6.0g/dL, 5.4g/dL로 줄어들었다. 수혈을 하지 않으면 위험한 상황이었고, 농축적혈구 2단위가 필요했다. 혈액형 검사 결과 O형, Rh(D) 음성이었고, 전국 적십자혈액원과 Rh(D) 음성 혈액형 네트워크에 공여자 요청을 했으나 혈액을 구할 수 없었다. 지역 방송국 방송에 혈액을 구한다는 자막을 내보냈음에도 Rh(D) 음성, O형의 혈액을 구할 수 없었다. 빠르게 수혈하지 않으면 사망할 수도 있는 응급 상황이었기 때문에 Rh(D) 양성 농축적혈구 2단위를 수혈하기로 결정했다. 환자는 남성이었고, 비예기 항체 검사에서 항-D항체가 없었다. 과거에 한 번도 Rh(D) 양성 혈액을 수혈한 적이 없다는 증거다. 교과서에 나온 대로 가능한 수혈이다(Park et al, 2016).

    Rh(D) 음성 혈액이 없는 응급 상황에서는 Rh(D) 양성 혈액을 수혈할 수 있다고, 당시에도 교과서적인 지침이 있었지만 이런 결정을 내릴 때는 걱정이 많이 되었다. 그럼에도 결정을 내릴 수 있었던 것은, 서울 용산에 있던 121 미군 병원(Brian D. Allgood Army Community Hospital) 혈액은행의 담당자에게 들었던 경험담 때문이었다(Nam PS, 2019). 미군 병원에서 급하게 수혈을 할 경우, Rh(D) 음성 혈액이 없으면 남자들에게는 Rh(D) 양성 혈액을 수혈한다고 했다. 말 그대로 에프엠(field mannual, FM)대로 하는 것이다.

    나는 Rh(D) 음성 남성 환자에게 Rh(D) 양성 혈액을 수혈했다. 수혈 후 걱정스러운 마음으로 환자에게 항-D항체 검사를 했는데, 항체를 찾을 수가 없었다. 당시에는 항체가 생기지 않은 정확한 이유를 알 수 없었는데, 샤오의 논문을 보고 뒤늦게 깨달았다. 유전자 검사에서 1227G〉A 변이가 있었다. 아시아형 델(DEL) 혈액형을 가진 환자여서 Rh(D) 양성 혈액을 수혈했지만 항-D항체가 생기지 않은 것이었다. 이후 주요 저널에 비슷한 사례를 분석한 논문이 실렸고, 『수혈가이드라인』에도 내용이 실렸다.

"Rh(D) 변이형(약D, 부분D, DEL형) 환자는 Rh(D) 음성 적혈구, 혈소판, 혈장 수혈을 우선 권장한다. 하지만 Rh(D) 음성 혈액 공급이 불가능한 응급상황에서는, 감작되지 않는 남성과 폐경기 여성은 Rh(D) 양성 농축적혈구나 혈소판, 혈장을 수혈할 수 있다. 수혈하지 않으면 생명이 위독한 경우에서는 가임기 여성에게도 Rh(D) 양성 농축적혈구나 혈소판, 혈장을 수혈할 수 있다. 한편 Rh(D) 변이형 중 *RHD* 유전자 분석으로 Asia type DEL(1227 G〉A)로 규명된 환자는 수혈이나 임신으로 D항원에 노출되어도 항-D를 유발한 사례가 보고된 예가 없어 Rh(D) 양성혈액수혈도 가능하다."_『수혈가이드라인』(제4판) p.23-24.

한 번 더 확인하고 넘어가면, '아시아형 델(DEL) 혈액형으로 확인된 환자는 수혈이나 임신으로 D항원에 노출되어도 항-D항체 생성이 발견된 적이 없어, Rh(D) 양성 수혈이 가능하다.'
그러나 여전히 현장에서 아시아형 델(DEL) 혈액형인 사람에게 Rh(D) 양성 혈액을 수혈하는 데 주저하게 되는 이유는, 응급 환자에게 유전자 검사를 할 시간이 없기 때문이다. 아마 아시아형 델(DEL) 혈액형 검사를 미리 해 두어 그 결과지를 받아들였다면, 현장에서는 Rh(D) 음성 혈액이 준비되지 않은 응급 상황에서도 편한 마음으로 Rh(D) 양성 혈액을 수혈할 것이다. 뒤집어 말하면 사전에 정확한 혈액형 검사가 이루어져 환자 본인이 아시아형 델(DEL)

혈액형이라는 점을 알고 있다면, 응급 상황에서 의료진이 최적의 수혈 결정을 하는 데 도움을 줄 수 있을 것이다. 국내 연구진이 수술 전에 1227G>A 변이를 유전자 검사로 확인한 환자에게 수술 전후 Rh(D) 음성 혈액을 투여하다 혈액이 부족하여 Rh(D) 양성 혈액을 투여한 사례를 보고하였다. 이때도 항-D항체는 발생하지 않았다(Choi et al, 2019).

Rh(D) 혈액형 검사 전략

Rh(D) 혈액형 검사는 ABO 혈액형 검사와 비슷하다. 적혈구에 항-D항체 시약을 반응시켜 튜브, 아크릴판, 마이크로플레이트(microplate) 등에서 응집 여부를 관찰한다. 응집이 일어나면 Rh(D) 양성이다. 응집이 없으면 Rh(D) 음성일 가능성이 높지만 Rh(D) 변이형일 수도 있다. 이때는 추가 검사가 필요하다. (두 종류 이상의 항-D항체 시약으로 검사할 것을 권장) 약D 검사에서 응집이 없으면 Rh(D) 음성, 응집이 있으면 Rh(D) 변이형으로 판정한다. 2021년 기준 한국에서 표준적으로 실시되는 Rh(D) 검사다.

그런데 이런 방식의 검사를 거쳐 Rh(D) 음성으로 판정된 약 5명 가운데 1명 꼴로 Rh(D) 음성이 아닌 아시아형 델(DEL) 혈액형이었다. 혈액원에서 Rh(D) 음성으로 판정한 혈액을, 병원에서 Rh(D) 음성 환자에게 수혈한 후 여러 환자에서 항-D항체가 생기는 바람에 충격을 받기도 했다. Rh(D) 혈액형 검사를 수정해야 한다는 주장이 나왔고, 검사 표준을 고쳐가고 있는 중이다.

해결책으로 흡착 및 해리(adsorption elution) 검사법이 과거에 제안되었다. 델(DEL)이라는 혈액형 이름은 검사법에서 유래한 것이기도 하다. EL은 해리를 뜻하는 elution의 앞 글자 두 개를 딴 것이다. 흡착 및 해리 검사법을 쓰면 적혈구 표면에 있는 극소량의 D항원을 찾아낼 수 있다. 그런데 최근 흡착 및 해리 검사법에 대한 연구 결과 79개의 검체 가운데 5개의 검체, 즉 6.3% 비율로 찾아내지 못했다. 흡착 및 해리 검사법은 일반 검사자가 손쉽게 할 수 있는 검사가 아니며 검사자의 숙련이 필요하다. 현실적으로 모든 현장에서 흡착 및 해리 검사를 추가로 시행하기는 어렵다. 게다가 Rh(D) 양성 혈액 수혈도 가능하다고 알려진 아시아형 델(DEL)의 1227G〉A 변이를 찾아낼 수도 없다.

제일 정확한 방법은 유전자 검사다. 물론 현실적으로 모든 Rh(D) 음성자에게 유전자 검사를 하기는 어렵다. 다행히도 임상적 의의가 인정된 보험급여 검사이지만, 신속한 수혈 결정을 해야 하는 상황에서 며칠이 걸리는 유전자 검사는 걸림돌이다. 그런데 최근 Rh(D) 음성인 사람의 절반에게는 *RHD* 유전자 검사를 대신할 수 있는 간단한 검사 아이디어가 보고되었다. *RHD* 유전자와 *RHCE* 유전자는 나란히 붙어 있는데, Rh(D) 음성인 사람에게 Rh(C), Rh(c), Rh(E), Rh(e)를 검사를 했더니 약 50%에서 ce라는 유형이 나왔다. 이들은 모두 *RHD* 유전자가 통째로 없는 유형이었다. 따라서 Rh(D) 혈액형 검사를 할 때 간단한 혈청학적 검사로 ce 유형이 확인되면 약D검사, 복잡한 흡착 및 해리 검사, 그리고 *RHD* 유전자 검사 없이도 Rh(D) 음성이라고 판정할 수 있다.

 *RHCE*의 표현형 검사는 쉽고 정확해 현장에서 손쉽게 쓸 수 있다. 일부 병원에서 이미 활용하고 있다. ce 유형이 나오면 *RHD* 유전자 검사를 할 필요 없이 Rh(D) 음성으로 확정할 수 있다. Rh(D) 음성 가임기 여성에게 수혈해야 할 상황이 되면 혈액원에서 받은 Rh(D) 음성 혈액 가운데 ce 유형을 추가로 선별해 수혈한다. ce 유형은 병원에서 따로 검사할 필요 없이 대한적십자사에서 혈액을 공급할 때 정보를 제공한다. 이들 정보를 활용하면 추가 검사 없이도 고위험군인 Rh(D) 음성 가임기 여성에게 확실한 Rh(D) 음성 혈액을 우선적으로 수혈할 수 있다.

Rh(D) 변이형, DEL형

Rh(D) 혈액형에도 변이형이 있다. 적혈구 표면에 D항원의 양이 적거나, 항원의 구성 요소 일부가 부족한 경우다. 대표적으로 약D형, 부분D형, 델(DEL)형이다. 델(DEL)형에는 D항원의 양이 매우 적다. 일반적인 검사를 하면 Rh(D) 음성으로 결과가 나오므로 주의해야 한다. 생텍쥐페리의 소설 『어린 왕자』에는 코끼리를 삼킨 보아뱀을 어른들이 모자로만 보는 내용이 나온다. 델(DEL)형은 D항원이 극히 적어서 기존 Rh(D) 검사 전략으로는 Rh(D) 음성으로 밖에 판정할 수 없다. 그러나 *RHD* 유전자 검사를 시행하면 D항원을 가진 델(DEL)형으로 정확히 판정할 수 있다. 기존 검사 전략은 모자만 보는 어른들의 눈이라면, *RHD* 유전자 검사는 코끼리를 보는 어린왕자의 눈이다.

대표적인 Rh(D) 변이형인 약D형, 부분D형은 혈청학적 검사법으로 감별되기도 하지만, 정확히 감별할 수 없는 경우도 종종 있다. 따라서 'Rh(D) 변이형'이라고 통합 명칭을 쓰는 것이 바람직해 보인다. 한국인 가운데 Rh(D) 음성 비율이 약 0.15~0.33%라고 하면, 델(DEL) 변이형을 제외한 Rh(D) 변이형은 0.01% 정도이므로 Rh(D) 음성 혈액 10~20개 가운데 D변이형은 1개 정도 만날 수 있을 것이다. Rh(D) 변이형은 약D 검사, 부분D 검사, *RHD* 유전자 검사로 찾아낼 수 있다. 이 가운데 유전자 검사는 세부 유형까지 정확하게 알 수 있다.

Rh(D) 변이형은 정확하게 검사하고 잘 관리해야 한다. 수혈할 때와 혈액을 공급할 때 혼란을 일으키기 때문이다. Rh(D) 변이형은 수혈을 시행하는 병원과, 혈액을 공급하는 혈액원에서 취급하는 방법이 반대다. 병원에서는 Rh(D) 변이형이 발견되면 Rh(D) 음성 혈액과 똑같이 다뤄야 한다. 즉 수혈할 때 Rh(D) 음성 혈액제제를 수혈해야 한다. Rh(D) 변이형 혈액형을 가진 여성이 아이를 임신하면 Rh(D) 음성과 같은 기준으로, 임신 28주와 출산할 때 RhIG도 투여해야 한다.

한편 공급혈액원에서는 Rh(D) 변이형 혈액을 찾으면 병원과 반대로 Rh(D) 양성과 같은 기준으로 다뤄야 한다. Rh(D) 변이형 혈액은 Rh(D) 양성으로 표시하고, Rh(D) 양성 환자에게 공급해야 한다. Rh(D) 음성 환자에게 수혈할 실수를 줄이기 위함이다. Rh(D) 음성 환자에게 공급되어 수혈되면 항-D항체를 만들 가능성이 높기 때문이다.

실습 3.
Rh(D) 음성 혈액형 환자의 수혈

사례 1 Rh(D) 음성 혈액 재고 부족 상황

시약	기본 검사			추가 검사			
	Rh(D) 검사	약D 검사	비예기항체 (항-D항체 확인)	RhCE 검사	부분D 검사	흡착/해리 검사	*RHD* 유전자 검사
응집강도	-	-	음성	미실시	미실시	미실시	미실시
임상 상황	Rh(D) 음성, A형 남성. 교통사고로 심한 출혈이 있고 수술을 해야 함. 그런데 Rh(D) 음성, A형 적혈구가 부족하다. 어떻게 할 것인가?						
수혈							

풀이 1 Rh(D) 음성 혈액 재고 부족 상황

시약	기본 검사			추가 검사			
	Rh(D) 검사	약D 검사	비예기항체 (항-D항체 확인)	RhCE 검사	부분D 검사	흡착/해리 검사	*RHD* 유전자 검사
응집강도	-	-	음성	미실시	미실시	미실시	미실시
임상 상황	Rh(D) 음성, A형 남성. 교통사고로 심한 출혈이 있고 수술을 해야 함. 그런데 Rh(D) 음성, A형 적혈구가 부족하다. 어떻게 할 것인가?						
수혈	1) Rh(D) 음성 A형 적혈구가 없으면, Rh(D)음성 O형 적혈구를 찾아본다. 　→ABO 혈액형은 다르지만 줄 수 있는 혈액형을 찾는다. 　→B형과 AB형 적혈구는 불가. 2) 위험군을 확인한다 　→남성으로 중등도 위험군 (가임기 여성은 고위험군) 3) 항-D항체가 있는지 확인한다. 　→비예기항체 선별 검사에서 음성이므로 항-D항체가 없다고 판단. 　　항-D항체는 일단 생성되면 오랫동안 존재하는 특성이 있음. 따라서 과거에 　　Rh(D) 항원에 노출된 가능성이 낮다고 판단. 4) Rh(D) 음성 혈액 확보가 되지 않았는데 환자에게 수혈하지 않으면 위험한 　상황으로 판단. 　→동의서를 받은 후, A형 (또는 O형) Rh(D) 양성 적혈구 수혈. 　→Rh(D) 양성 적혈구제제를 수혈할 때 RhIG는 투여하면 안 됨. (RhIG는 　　항-D항체임)						

사례 2 Rh(D) 음성 혈액 재고 부족 상황

시약	기본 검사			추가 검사			
	Rh(D) 검사	약D 검사	비예기항체 (항-D항체 확인)	RhCE 검사	부분D 검사	흡착/해리 검사	*RHD* 유전자 검사
응집강도	−	−	음성	ce	미실시	미실시	미실시
임상 상황	Rh(D) 음성, B형 30대 여성. Rh(D) 음성 혈소판 재고가 부족하다. 어떻게 할 것인가?						
수혈							

풀이 2 Rh(D) 음성 혈액 재고 부족 상황

시약	기본 검사			추가 검사			
	Rh(D) 검사	약D 검사	비예기항체 (항-D항체 확인)	RhCE 검사	부분D 검사	흡착/해리 검사	*RHD* 유전자 검사
응집강도	−	−	음성	미실시	미실시	미실시	미실시
임상 상황	Rh(D) 음성, B형 30대 여성. Rh(D) 음성 혈소판 재고가 부족하다. 어떻게 할 것인가?						
수혈	1) Rh(D)음성 B형 혈소판이 없으면 Rh(D) 음성 중 ABO가 다른 AB형, A형, O형 혈소판을 고려한다. 2) 위험군 확인 → 가임기 연령의 여성으로 고위험군 (임신과 출산 계획이 없으면 중등도 위험군) 3) Rh(D)음성 혈소판 수혈을 하지 않으면 출혈 등으로 위험한 상황이라고 판단. → 환자에게 설명하고 동의서를 받은 후, Rh(D) 양성 B형 혈소판제제를 수혈. → Rh(D) 양성 혈소판 수혈 후 RhIG 투여 등으로 예방조치를 하지 않을 경우, 태아신생아용혈질환으로 건강한 아이를 가질 수 없을 가능성을 정확히 설명하고, → 예방을 위해 RhIG를 투여해 예방 권장. → 혈액종양 환자 가운데 약 5%에게 항-D항체가 생성되지만, 향후 반복 수혈을 고려한다면 불가피한 경우를 제외하고는 항-D항체 생성을 예방하기 위해 RhIG 처방을 권장함.						

사례 3 Rh(D) 음성 환자, 과거 수혈 후 항-D항체 발생

시약	기본 검사			추가 검사			
	Rh(D) 검사	약D 검사	비예기항체 (항-D항체 확인)	RhCE 검사	부분D 검사	흡착/해리 검사	*RHD* 유전자 검사
응집강도	−	−	양성 (항D 검출)	미실시	미실시	미실시	미실시
임상 상황	Rh(D) 음성, O형 60대 남성. 과거 수술 후 수혈로 인하여 항-D항체 발생. 어떻게 할 것인가?						
수혈							

풀이 3 Rh(D) 음성 환자, 과거 수혈 후 항-D항체 발생

시약	기본 검사			추가 검사			
	Rh(D) 검사	약D 검사	비예기항체 (항-D항체 확인)	RhCE 검사	부분D 검사	흡착/해리 검사	*RHD* 유전자 검사
응집강도	-	-	양성 (항D 검출)	미실시	미실시	미실시	미실시
임상 상황	Rh(D) 음성, O형 60대 남성. 과거 수술 후 수혈로 인하여 항-D항체 발생. 어떻게 할 것인가?						
수혈	1) Rh(D)음성 O형 적혈구, 혈소판, 혈장 수혈. 2) 위험군 확인. 　→ 항-D항체가 존재하므로 남성이지만 고위험군. 3) 수혈을 하지 않으면 출혈 등으로 위험한 상황 　→ 이 경우에도 원칙적으로 Rh(D) 양성 적혈구제제는 수혈할 수 없음.						

사례 4 Rh(D) 음성. 그러나 유전자 검사로 델(DEL)형 확인된 환자에게 수혈

시약	기본 검사			추가 검사			
	Rh(D) 검사	약D 검사	비예기항체 (항-D항체 확인)	RhCE 검사	부분D 검사	흡착/해리 검사	*RHD* 유전자 검사
응집강도	-	-	음성	Cce	미실시	미실시	*RHD* 유전자 엑손 9번의 1227G>A 변이
임상 상황	Rh(D) 음성, A형, 20대 남성. Rh(D) 음성 적혈구, 혈소판, 혈장 재고가 부족하다. 어떻게 할 것인가?						
수혈							

풀이 4 Rh(D) 음성. 그러나 유전자 검사로 델(DEL) 형 확인된 환자에게 수혈

시약	기본 검사			추가 검사			
	Rh(D) 검사	약D 검사	비예기항체 (항-D항체 확인)	RhCE 검사	부분D 검사	흡착/해리 검사	*RHD* 유전자 검사
응집강도	-	-	음성	Cce	미실시	미실시	*RHD* 유전자 엑손 9번의 1227G>A 변이
임상 상황	Rh(D) 음성, A형, 20대 남성. Rh(D) 음성 적혈구, 혈소판, 혈장 재고가 부족하다. 어떻게 할 것인가?						
수혈	1) 기본 검사로는 Rh(D) 음성처럼 보이지만, *RHD* 유전자 검사로 아시아 델(DEL) 형(1227G>A)이라는 것을 확인. 2) 국가수혈가이드라인에 의하여 Rh(D) 음성 A형 적혈구, 혈소판, 혈장을 우선 수혈, 3) 만약 Rh(D) 음성 A형 적혈구, 혈소판, 혈장이 없으면 O형 적혈구, AB형, B형, O형 혈소판과 AB형 혈장 수혈을 고려. 4) 위험군 확인 → 성인 남성이므로 중등도 위험군. 5) 수혈을 하지 않으면 위험한 상황이라고 판단. → 환자에게 설명하고 동의서를 받은 후, Rh(D) 양성 A형, 적혈구, 혈소판, 혈장제제를 수혈. → Rh(D) 양성 적혈구를 투여할 경우 RhIG 투여는 하지 않아야 함. (RhIG가 항-D항체이므로 수혈한 Rh(D) 양성 적혈구와 결합하여 용혈을 유발할 수 있기 때문에) → 본 환자는 아시아 델(DEL) 형으로 확인된 경우. Rh(D) 양성 A형, 적혈구, 혈소판을 투여해도 항-D항체가 생기기지 않는다고 알려져 있음. 6) 학술 자료에 따르면 처음부터 Rh(D) 양성 A형, 적혈구, 혈소판, 혈장제제를 수혈 가능. 그러나 현재 국가 수혈가이드라인은 일단 음성을 수혈하고, 혈액 재고가 없을 경우에 Rh(D) 양성 제제 수혈을 권장.						

사례 5 Rh(D) 변이형, 약D형 환자에게 수혈

시약	기본 검사			추가 검사			
	Rh(D) 검사	약D 검사	비예기항체 (항-D항체 확인)	RhCE 검사	부분D 검사	흡착/해리 검사	*RHD* 유전자 검사
응집강도	2+	4+	음성	Cce	부분D형 의심	미실시	Weak D type 33
임상 상황	Rh(D) 변이형, B형, 50대 여성. 혈청학적으로 약D형과 부분D형의 정확한 감별이 어려웠는데, *RHD* 유전자 검사에서는 약D형(weak D type33)으로 확인. 수혈을 해야 할 경우 어떻게 할 것인가?						
수혈							

풀이 5 Rh(D) 변이형, 약-D형 환자에게 수혈

시약	기본 검사			추가 검사			
	Rh(D) 검사	약D 검사	비예기항체 (항-D항체 확인)	RhCE 검사	부분D 검사	흡착/해리 검사	*RHD* 유전자 검사
응집강도	2+	4+	음성	Cce	부분D 의심	미실시	Weak D type 33
임상 상황	Rh(D) 변이형, B형, 50대 여성. 혈청학적으로 약D형과 부분D형의 정확한 감별이 어려웠는데, *RHD* 유전자 검사에서는 약D형(weak D type33)으로 확인. 수혈을 해야 할 경우 어떻게 할 것인가?							
수혈	1) Rh(D) 음성 B형 적혈구, 혈소판, 혈장 수혈. 2) 만약 Rh(D) 음성 B형 혈액제제가 없으면, Rh(D) 음성 O형 적혈구, AB형, A형, O형 혈소판, AB형 혈장을 수혈한다. 3) 위험군 확인 → 항-D항체가 존재하지 않고, 가임기가 지난 여성으로 중등도 위험군. 4) 수혈을 하지 않으면 위험한 상황 → 이 경우 환자에게 설명하고 동의서를 받은 후, Rh(D) 양성 B형 적혈구, 혈소판, 혈장 제제를 수혈한다. 부분D 검사에서는 부분D형을 의심하였으나, 유전자 검사에서 약D형 33유형으로 최종 확인된 약D형, Rh(D) 양성 혈액을 수혈해도 안선하다고 알려진 약D형 1, 2, 3과 달리 Rh(D) 음성 혈액제제로 수혈하는 것이 원칙.							

3장 참고문헌

대한진단검사의학회. 『진단검사의학』, 제6판, 2021.

Choi et al. Planned transfusion of D-positive blood components in an Asia type DEL patient: proposed modification of the Korean National Guidelines for blood transfusion. Ann Lab Med. 2019

Chung et al. Molecular basis of serological weak D phenotypes and RhD typing discrepancies identified in the Korean population. Blood Transfus. 2020

Kim et al. Molecular characterization of D- Korean persons: development of a diagnostic strategy. Transfusion. 2005

Kim et al. Primary anti-D immunization by DEL red blood cells. Korean J Lab Med 2009.

Luettringhaus et al. An easy RHD genotyping strategy for D- East Asian persons applied to Korean blood donors. Transfusion. 2006

Nam PS. Experiences of blood bank performance in Brian Allgood Army Community Hospital, Korean J Blood Transfus. 2019

Park et al. A Patient with RhD(el) (1227G>A) failed to produce detectable Anti-D after transfusion of RhD positive red blood cells. Korean J Blood Transfus. 2006

Shao CP. Transfusion of RhD-positive blood in "Asia type" DEL recipients. N Engl J Med. 2010

Seo et al. An effective diagnostic strategy for accurate detection of RhD variants including Asian DEL type in apparently RhD-negative blood donors in Korea. Vox Sang. 2016

Yang et al. Primary anti-D alloimmunization induced by "Asian type" RHD (c.1227G⟩A) DEL red cell transfusion. Ann Lab Med. 2015

Yoon et al. A Case of primary Anti-D alloimmunization by RHD (c.1227G⟩A) DEL red blood cell transfusion. Korean J Blood Transfus. 2016

4

기타 희귀혈액형

한국에서 보고된 고빈도항원에 대한 항체로 인한 부작용 증례들(Choi et al, 2019)

항체	증례	부작용	특이사항
항-Di(b)	7	HDFN	
항-Rh17	5	HDFN, 태아수종증	D-- (D 대쉬 대쉬 혈액형에 발생한 항체)
항-Jr(a)	4	HDFN	
항-Fy(a)	2	HTR	
항-Ku	1	HTR	
항-PP1P(k)	2	수혈 미 실시	급성 동량성 혈액희석(ANH)으로 자가수혈. 향후 자가 및 가족 수혈을 위해 적혈구 냉동 보관
항-Ge	2	수혈 미 실시	
항-OK(a)	1	수혈 미 실시	

희귀혈액형의 기준

희귀혈액형은 말 그대로 '희귀하여 쉽게 만나기 힘든 혈액형'이다. 혈액형 항원 가운데 거의 모든 사람이 갖고 있는 항원이 있다. 그런데 매우 드물게도 그 항원이 없는 사람도 있다. 이때 이 사람은 희귀혈액형 보유자가 된다. 희귀혈액형의 기준은 나라마다 다르지만 보통 1,000명 가운데 1명, 즉 0.1% 이하인 경우 희귀혈액형이라고 부른다. 한국인 99.7% 이상은 Rh(D) 혈액형 항원을 갖고 있다. 그런데 0.15~0.33%는 Rh(D) 항원이 없는 Rh(D) 음성이다. 0.1%를 기준으로 하면 희귀혈액형의 기준에 약간 미치지 못하지만, 현실에서 느끼기에는 충분히 희귀혈액형이다. Rh(D) 음성인 사람에게 수혈할 때는 ABO 혈액형도 맞춰야 하므로, 가장 흔한 A형(33.9%)을 기준으로 해도 0.1% 이하가 된다.

자신이 희귀혈액형이라는 것을 알게 되면, 그때부터 불안해질 수밖에 없다. 수혈의 관점에서 보면 이들은 심각하게 취약한 계층이며, 이들을 보호할 시스템이 필요하다. 여러 선진국은 희귀혈액형 관리 프로그램을 주로 공급혈액원에서 마련하고 있다. 한국 역시 학계, 정부, 공급혈액원에서 많은 노력을 하고 있다. 그러나 냉동 적혈구 프로그램이 없어 아직 만족할 수준은 아니다.

희귀혈액형 환자가 갖고 있는 항체를 '고빈도항원에 대한 항체(antibodies to high-incidence red blood cell antigens)'라고 어렵게 표현하기도 한다. 고빈도항원은 특정 인구 집단 대다수 사람에게서 표현되는 혈액형 항원을 말한다. 한국인이라면 Rh(D) 항원처럼 거의 대부분 가지고 있는 항원이고, 면역 시스템은 이들 항원에 대한 항체를 만들지 않는다. 그런데 대부분의 사람들이 가지고 있는 항원이 없는 사람, 즉 희귀혈액형인 사람은 해당 항원에 노출되면 항체가 생길 수 있다. 문제는 이렇게 항체가 생겨버리면, 인구 집단 대다수가 공급한 혈액에는 거의 모두 해당 항원이 있으므로 수혈받을 혈액이 없어지는 심각한 상황이 된다.

고빈도항원이 없는 적합한 혈액을 찾는 것은 어려운 작업이다. 가장 먼저 생각할 수 있는 제도적 대책은 '희귀혈액공급을 위한 헌혈자 관리체계 구축'이다.

또 하나의 대책은 희귀혈액의 냉동보관이다. 적혈구는 최소 5년에서 최대 10년까지 냉동시켜 보관할 수 있다. 오랫동안 보관할 수 있다면, 건강할 때 자신 또는 가족이나 타인에게서 해당 항원 음성 혈액을 얻어 보관하면 된다. 이를 위해서는 먼저 희귀혈액형에 대한 항체 보유가 의심되었을 때, 빠르게 항체 특이성을 확인할 수 있는 표준 검사실을 마련해야 하지만 아직 만족할 만한 수준으로 준비된 것은 아니다. 다행히 희귀혈액공급을 위한 헌혈자 관리체계 구축은 대한적십자사에서 지속적으로 준비해 현재 의료기관에 도움을 주고 있다. 서둘러 희귀혈액 냉동보관 및 공급 체계를 갖추어야 한다.

D 대쉬대쉬 혈액형 (referred to as D dash, dash)

'바디바(-D-)'로 알려진 D 대쉬대쉬 혈액형도 희귀혈액형이다. D 대쉬대쉬 혈액형은, 1950년 영국 런던의 한 헌혈자에게서 처음으로 발견되었다. 대부분의 Rh 혈액형에는 D항원 말고도 C, c, E, e 가운데 한 개 이상의 항원이 늘 함께 쌍으로 있다. 예를 들어 한국인에게 흔한 Rh 혈액형은 CDe(38.0%), CcDEe(34.2%)다. 그런데 D 대쉬대쉬 혈액형은 Rh(D) 항원은 있는데, C, c, E, e 항원이 없다. D의 양쪽에 C, c, E, e 중 한 개는 있어야 하는데 모두 없어 비어 있다. 그러니 -D- (bar D bar) 형태의 유전자 구조를 이룬다. 이런 이유로 한국에서는 그동안은 '바디바'라고 불렀지만, 권장되는 명칭은 D 대쉬대쉬(D--) 형이다.

일본에서 헌혈자를 조사한 연구 결과, D 대쉬대쉬 혈액형의 비율은 0.001%였다. 한국인 헌혈자에서 시행한 연구에서는 0.0016%로 조사되었다(Lee et al, 2018). 약 10만 명 가운데 1~2명이다. Rh(D) 음성 혈액형이 1,000명 가운데 1.5~3.3명이니, D 대쉬대쉬 혈액형은 극히 드문 희귀혈액형이다.

ABO, Rh(D) 검사가 주를 이루는 혈액형 검사에서 D 대쉬대쉬 혈액형을 찾아내는 것은 어렵다. 임신이나 수혈로 항체가 생긴 이후에 발견되는데, 이때는 항체때문에 수혈할 적합한 혈액을 찾을 수 없다. 즉시 수혈이 필요한 경우라면 심각한 상황이 된다. 헌혈 혈액의 99.99% 이상이 모두 C, c, E, e 항원 가운데 하나는 갖고 있으니, 항체가 생긴 다음에 수혈을 받으면 높은 확률로 용혈수혈반응을 일으킬 것이다. 또한 임신을 하면 태아에게 태아신생아용혈성질환이 발생할 것이다.

1995년 한국에서 처음으로 D 대쉬대쉬 혈액형이 발견되었다(Han et al, 1997). 서울대학교병원 의료진은 임부와 그 자매가 D 대쉬대쉬 혈액형인 것을 찾아냈다. 임부에게는 이미 항체(항-Rh17)가 있었다. 항체는 태반을 거쳐 아이에게 전달되었고, 신생아용혈성질환을 일으켰다. 첫 임신에 자연유산이 있었고, 두 번째 임신에서도 태아가 기형이라는 의견을 받아 임신중절이 있었다.

의료진은 가족을 조사했다. -D- 유전자를 임부의 엄마와 아빠 모두 갖고 있었다. 형제자매는 모두 6명이었는데 4명은 일반적인 혈액형이었고, 임부와 자매 한 명이 –D-/-D-로 희귀혈액형이 되었다. 결국 세 번째 임신에서도 유산했다.

자연유산, 인공중절, 태아신생아용혈성질환으로 태아를 떠나보냈지만, 네 번째 임신에서는 아이가 태어날 수 있었다. 의료진은 혈장교환술로 임부의 몸에서 해당 항체의 높은 역가를 낮추었다. 그러나 이것만으로 부족해, 임부의 세척 적혈구를 세 번에 걸쳐 아이에게 전달하는 자궁 내 수혈을 실시했다. 임부와 태아가 연결되어 있는 것을 서둘러 끊기 위해, 34주에 제왕절개를 실시했다. 그럼에도 적혈구가 깨지면서 헤모글로빈이 분해되어 나오는 빌리루빈(bilirubin) 수치가 높았고, 심한 빈혈이 있는 태아수종(hydrops) 상태였다. 의료진은 D 대쉬대쉬 혈액형인 임부 자매의 세척 적혈구로 두 차례 교환수혈을 신생아에게 실시했고, 신생아는 정상으로 회복되었다(Whang et al. 2000).

사실 일반적인 경우 가족 수혈은 피할 것이 권유되지만, 희귀혈액형처럼 아예 일반 헌혈자들 가운데에서는 혈액을 찾을 수 없으므로 가족 수혈을 고려해야 한다. 희귀혈액형은 멀리 떨어진 곳이 아닌, 가족 가운데 있을 확률이 높다. 따라서 희귀혈액형인 것을 알게 되면 가족들의 혈액형을 정밀하게 검사할 필요가 있다. 수혈이 필요할 때 서로 도울 수 있기 때문이다.

다른 방법으로는 희귀혈액형인 자기 자신의 혈액을 냉동보관할 수 있다. 나는 D 대쉬대쉬 혈액형인 사람이 수년 전에 냉동해 둔 자신의 혈액을 해동하여 수혈할 수 있도록 준비한 적이 있었다(Cho et al, 2015). 다행스럽게도 부작용은 없었다. 문제는 혈액을 해동해서 수혈하는 일이 개별 의료기관에서 익숙하지 않다는 점이다. 거의 10년에 한 번 정도 하게 되므로, 개별 의료기관에서는 준비가 되어 있지 않은 경우가 대부분이다. 따라서 특정 기관을 지정해 지원하거나, 대한적십자사나 한마음 혈액원처럼 혈액을 공급하는 기관에서 이런 일을 담당하는 것이 바람직하다.

더피(Duffy) 혈액형과 말라리아

혈액형은 수혈을 어렵게 만든다. 물론 진화의 역사를 거슬러 올라

갔을 때, 그 어떤 지점에서도 인위적인 수혈이 대규모로 이루어졌던 적은 없었을 것이니, 수혈을 염두해두고 혈액형의 진화가 이루어지지는 않았을 것이다. 그럼에도 질문은 남는다. 오랜 진화 과정을 거쳐 지금의 혈액형 시스템을 갖추었다면, 혈액형이 달라서 얻을 수 있었던 진화적인 이득은 무엇일까? 안타깝게도 혈액형이 달라진 이유와 그에 따른 이점은 아직 모른다. 혈액형이 있다는 것을 알게 된 것도 100여 년 남짓이며, 혈액형에 대한 몇 가지 통계와 연구들이 있을 뿐이다.

더피(Duffy) 혈액형군은 2개 항원을 기준으로 Fy(a+b+), Fy(a+b-), Fy(a-b+), Fy(a-b-) 유형으로 나뉜다. 항원이 모두 없는 유형[Fy(a-b-)]은 한국인, 중국인, 일본인, 미국 백인에게는 희귀 혈액형이다. 그런데 아프리카계 미국인에게는 68%나 있다. 더피(Duffy) 혈액형은 말라리아와 관계가 있다. 말라리아 기생충은 척추동물이 적혈구를 파괴한다. 적혈구 표면에는 더피(Duffy) 항원이 있는데, 말라리아 기생충은 이 항원을 매개로 적혈구 세포 안으로 들어갈 수 있다. 말라리아는 적혈구 안에서 증식하고, 적혈구를 파괴하면서 쏟아져 나온다. 말라리아 기생충은 다른 적혈구 세포로 들어가 같은 일을 반복하는데, 결국 말라리아 기생충에 감염된 사람을 포함한 척추동물은 죽는다. 말라리아에 감염될 우려가 있는 척추동물 입장에서 적혈구 표면에 적혈구 표면에 말라리아가 들어가는 문 역할을 하는 더피(Duffy) 항원이 없는 것이 좋다. 말라리아의 공격을 피할 수 있기 때문이다.

말라리아 기생충은 숙주 생물의 적혈구 표면에 있는 더피 항원을 통해 적혈구 속으로 들어간다. 전파는 피를 빨아먹는 모기가 담당한다. 따라서 1년 내내 따뜻하고 습해 모기가 살기 좋은 환경에 사는 사람은 말라리아에 걸릴 확률이 높아진다. 대표적으로는 서아프리카 지역이 있다. 따라서 서아프리카 지역에는 말라리아에 걸린 사람이 많았을 것이고, 적당한 치료제가 없는데 말라리아에 걸렸다면 죽었을 것이다. 죽은 사람들은 모두 더피(Duffy) 항원이 적혈구 표면에 있었지만, 더피(Duffy) 항원이 없는 사람들은 서아프리카 지역에서도 계속 살아남아 아이를 낳았을 것이다. 결국 서아프리카 지역에는 더피(Duffy) 항원이 없는 혈액형인 사람들의 비율이 늘어났을 것이다. 서아프리카 지역에 사는 사람들은 더피(Duffy) 혈액형 음성인 것으로 자연선택되었다. 이 사례는 진화론이 큰 뼈대를 이루는 자연선택설의 중요한 근거가 된다.

한편 낫 모양 적혈구 빈혈증(sickle-cell anemia) 환자가 말라리아에 잘 걸리지 않는 것도 흥미롭다. 낫 모양 적혈구 빈혈증은 유전자 돌연변이로 헤모글로빈 단백질 아미노산 서열 가운데 하나가 변이한 유전 질환이다. 정상적인 적혈구가 도너츠 모양을 하고 있는 것이 비해, 낫 모양 적혈구 빈혈증 환자의 적혈구는 말 그대로 낫 모양이다. 그리고 적혈구의 표면적이 좁으니 악성 빈혈로 이어진다. 낫 모양 적혈구 빈혈증은 아프리카 일부 지역에서 흔히 나타나는데, 더피(Duffy)의 주요 항원이 둘다 없는 Fy(a-b-)형을 가진 사람들이 말라리아에 안 걸리는 것처럼 이들도 말라리아에는 잘 걸리지 않는다.

냉동적혈구 은행

세계보건기구(WHO)에서는 전 세계 혈액은행에 등록된 희귀헌혈자들을 관리한다. 허가를 받은 사용자들은 인터넷으로 해당 희귀혈액 보관 정보에 접근할 수 있다. 한국에서는 희귀혈액형 수혈을 위해 희귀헌혈자 등록체계(Korean Rare Donor Program, KRDP)와 희귀혈액 등록체계(Korean Rare Blood Program, KRBP)를 운영한다. 한국인에게 드문 혈액형의 빈도 조사, 희귀혈액제제 수급 관리방안 개발 연구 등도 진행한다. 그러나 공공의료기관이나 공급혈액원에서 한국인에게 드문 혈구제제를 냉동보관하고, 필요할 때 환자에게 공급하는 시스템을 갖추지는 못했다.

희귀혈액형과 관련해 마련할 수 있는 안정적이고 안전한 제도적 대비책은 냉동적혈구 은행이다. 유럽에서는 1968년에 냉동적혈구 은행(European Bank of Frozen Blood of Rare Group, 1998년에 Sanquin Bank of Frozen Blood로 변경)을 설립해, 희귀혈액을 공급해오고 있다. 한국에서는 냉동적혈구를 보관하고 공급하는 공공 시스템이 없어, 민간 의료기관이 나서기도 했다.

1976년 Rh(D) 음성 혈액 수급을 위해 냉동적혈구 은행이 시도된 적은 있었지만, 전반적인 인식 부족으로 도입되지 못했다.

2002년, 김현옥 교수가 주도하여 세브란스병원에 5년까지 장기간 보관할 수 있는 냉동적혈구 은행이 한국에서 처음으로 열렸다. 엄격하게 온도가 관리되는 혈액 전용 냉장고라고 해도 적혈구제제는 35일이 지나면 폐기처분해야 한다. 그런데 세브란스병원 냉동적혈구 은행에서는 동결보호제인 글리세롤을 사용해 영하 80℃로 냉동 보존할 수 있는 시스템을 갖추었다. 단 모든 민간 의료기관에서 이처럼 관리하고 유지하기에는 한계가 있다. Rh(D) 음성 혈액을 냉동보관할 때는 냉동적혈구 냉동과 해동 과정의 복잡성, 전반적으로 비싼 운영비, 관리의 위험성 문제가 따라다닌다. 결과적으로 냉동적혈구보다는 Rh(D) 음성 헌혈자 네트워크를 강화하는 쪽으로 방향이 돌아서는 것처럼 보인다.

그렇지만 Rh(D) 음성보다도 더 희귀한 D 대쉬대쉬 같은 희귀혈액형은 희귀혈액공급을 위한 헌혈자 관리체계 구축뿐 아니라 냉동적혈구 은행이 필요해 보인다. 나는 한국에 있는 121 미군 병원(Brian D. Allgood Army Community Hospital)의 혈액은행을 방문할 기회가 있었다. 한국에 있는 미군 종합병원(general hospital)이지만, 혈액은행 규모는 담당 직원 1~2명 정도가 운영하고 있어 작은 편이었다. 이곳에서는 2012~2013년 사이에 181단위의 적혈구제제 수혈이 있었는데, 21단위는 냉동적혈구를 해동해 12명의 환자에게 수혈한 것이었다. 냉동적혈구 수혈에 있어서만큼은 1~2명의 담당자가 1~2년 동안 진행했던 경험이, 한국 내 전체 의료기관에서 10년 동안 이루어진 냉동적혈구 수혈보다 많았다.

냉동적혈구를 다루는 데 어려운 기술이나 과정이 필요해 보이지는 않는다. 다만 숙련도를 높이기 위한 경험은 필요할 것이다. 공적 영역에서 맡아 냉동적혈구 공급으로 희귀혈액형 수혈의 안전성을 확보해야 한다.

자가수혈

자가수혈(autologous transfusion)은 자신의 혈액을 채취해 필요할 때 자신에게 수혈하는 것을 말한다. 1980년대 수혈로 인한 에이즈(AIDS) 감염 피해 사례가 알려지기 시작했고, 자기 자신의 혈액을 수혈받으려는 분위기가 강해졌다. 자가수혈은 다른 사람의 피를 수혈받을 때 생길 수 있는 수혈부작용을 방지할 수 있다. 간염, 에이즈 등 혈액으로 전파되는 감염 질환으로부터 안전하다. 항체를 만들어내는 면역반응, 용혈수혈반응, 발열반응, 과민성수혈이상반응 등도 피할 수 있다. 또한 다른 사람 피를 수혈할 수 없는 희귀혈액형과, 종교적인 이유로 수혈을 거부하는 환자 가운데 일부에게도 사용할 수 있다.

자가수혈을 하는 방식은 크게 네 가지로 나뉜다(진단검사의학, 2021). 가장 널리 알려진 방식은 수술하기 몇 주 전부터 수술할 병원에서 자기 혈액을 뽑아 보관해두었다가 활용하는 방식이다. 안전성 문제로 한 번에 여러 단위를 뽑아 둘 수는 없으며, 7~10일 간격으로 여러 번 채혈한다. 한국에서 적혈구 보존기간이 35일이니, 최대 4~5단위까지 자신의 혈액을 뽑아 사용할 수 있다. (다만 대부분 2~3단위를 넘지 않는다.) 2단위 이상 채혈할 때는 철분제제를 경구로 투여하면서 채혈하는 것을 권장한다. 채혈로 인해 몸에 무리가 가지 않도록 마지막 채혈은 수술 72시간 전까지 마쳐야 한다. 이렇게 얻은 적혈구는 온도가 엄격하게 유지되는 혈액제제용 냉장고에 보관한다. 자가수혈은 수술할 때 본인에게 사용할 혈액을 미리 확보하는 것이므로 일반 헌혈과는 기준이 다르다. 연령 제한 없이 노인, 소아, 임산부 등에서도 적용될 수 있다. 다만 건강한 사람이 아닌 환자라면 주의를 기울여야 한다. 채혈할 때마다 체중, 활력징후, 일반혈액검사 등을 확인하며, 혈색소(헤모글로빈) 수치도 11g/dL 이상 되는지 매번 확인해야 한다.

수술하기 전에 자기 혈액을 채혈해두는 것 말고, 수술장에서 마취과 의사가 환자의 혈액을 활용해 자가수혈을 하는 방법도 있다. 마취과 의사는 수술 중 혈액희석, 수술 중 혈액회수, 수술 후 혈액회수를 할 수 있다. 수술 중 혈액회수, 수술 후 혈액회수에는 셀세이버(cell saver)라는 장비가 필요하다.

대량 출혈이 일어나는 경우 환자의 적혈구를 다시 환자에게 넣어줄 수 있다. 단 악성종양, 감염성 질환 환자에게는 사용이 제한된다. 환자 본인의 혈액이 종양의 재발이나 전이를 일으킬 수 있다는 우려때문이다. 감염성 질환을 앓고 있는 경우도 다시 감염될 수 있다는 문제가 있다. 단 항생제, 항응고제, 백혈구 제거 필터 등을 활용해서 적용하기도 한다. 국내 한 연구팀은 '간이식 환자에게 백혈구 제거 헌혈 혈액을 수혈할 경우 간암 재발 위험과 사망률이 감소'한다는 결과를 발표했다. 공급혈액원에서 미리 백혈구를 제거한 혈액과 자가 혈액이 수혈에 함께 사용되었다. 즉 수술 중 출혈로 인한 환자 본인의 피를 회수해 다시 수혈하는 자가수혈기법이 함께 사용된 것이다(Kwon et al, 2021).

수술 중 혈액희석에는 특별한 장비가 필요없다. 수술 직전에 환자의 전혈 1~3단위를 뽑아 헌혈 백(bag)에 보관하고, 채혈한 양만큼 수액을 환자에게 보충한다. 채혈한 만큼 수액을 투여했으니 환자의 혈액은 희석된 셈이다. 이 상태에서 수술을 진행하고, 수술 중 또는 수술 후에 헌혈 백에 보관한 혈액을 다시 환자에게 수혈한다.

나는 수술 전 검사에서 희귀혈액형[항-PP1P(k)항체가 동반된 p혈액형]이 확인되었고 한국에는 수혈할 혈액이 없어 외과와 마취과 의사와 상의한 적이 있다. 담낭암 수술이었는데, 이 경우 보통 수혈이 필요없는데 혹시라도 출혈이 심해 수혈이 필요한 상황이 오면 대책이 없다는 것이었다. 암이 의심되는 환자였기에 희귀혈액형에 대한 항체를 가졌다고 수술을 연기할 수도 없었다. 종합적인 상황을 검토한 의료진은 자가수혈을 결정하고 수술 직전 400cc를 뽑아서 헌혈 백에 보관해둔 후, 수술을 진행했다. 수술은 성공적이었고, 환자 본인의 혈액을 모두 수술 중에 수혈했다(Ha et al, 2019).

키메라

키메라(chimera)는 머리는 사자, 몸통은 염소, 꼬리는 뱀으로 이루어진 그리스 신화속 괴물인 키마이라(Χίμαιρα)에서 유래한 용어다. 현대 의학과 생명과학에서 나오는 키메라는 한 생물체 안에 서로 다른 DNA(예를 들어 두 세트의 DNA)를 가진 조직이 함께 존재하는 현상을 뜻한다. 병원에서는 드물지 않게 키메라를 경험하곤 한다. 대표적으로 골수를 이식(조혈모세포 이식)하는 경우가 있다. 어떤 사람의 몸에 다른 사람의 조직이 이식되어 함께 있으니 키메라인 셈이다. 신장 이식, 간 이식도 마찬가지다. 장기 이식이 영구적 키메라로 분류된다면 일시적 키메라도 있다. 대표적인 사례가 수혈이다. 수혈받은 혈액은 몸속에서 서서히 사라진다. 따라서 다른 사람이 헌혈한 혈액을 수혈받은 환자는 일시적인 키메라다.

나는 10여 년 전 병원에서도 흔히 경험할 수 없는 키메라를 경험했다. 장기를 이식받거나 수혈을 받은 적이 없는데 몸속에 두 가지 혈액형이 있는 헌혈자였다. 혈액형 검사를 해보니 정상 B형보다는 약한 B형이었다. 유전자 검사 결과 약한 B형을 유발하는 유전자의 변이도 없었다. 그런데 보통 2개 있어야 할 혈액형 유전자가 3개(*B101/O01/O02*) 있었다. 정밀 분석해보니 *B101/O01* 유전자를 가진 세포와 *O01/O02* 유전자를 가진 세포가 함께 있었다. 정상 B형과 정상 O형 적혈구가 몸속에서 함께 돌아

다니고 있는 키메라였다. 쌍둥이에게서 드물게 발견되는 (혈액에만 이런 현상이 나타나는) 혈액 키메라를 의심했다. 다른 조직에는 없을 것이라고 예상했으나, 모낭과 구상상피세포의 유전자를 분석했더니 혈액뿐 아니라 이들 조직에서도 같은 현상이 나타났다. 이러한 결과는 온몸의 조직이 모두 이런 키메라 상태임을 알 수 있었다.

원인을 찾으려면 수정란 시절까지 거슬러 올라가야 한다. 처음에는 두 개의 수정란이 있었다. 수정란이 두 개였으니, 이란성 쌍둥이로 태어나야 했다. 그런데 어떤 이유에선가 두 개의 수정란이 하나로 합쳐졌다. 이란성 쌍둥이로 태어났다면 각각 두 사람으로 태어났을 것인데, 수정란이 합쳐지면서 한 명으로 태어난 것이다. 아마 뇌도, 간도, 심장도, 피부도 그리고 혈액도 두 사람의 조직이 하나로 합쳐진 채 공존했을 것이다. 혈액을 보자면 B형과 O형의 혈액형을 가져야 하는데, 두 수정란이 합쳐지면서 B형과 O형 혈액이 함께 있어 희석된 B형처럼 약한 B형으로 태어난 것이다. 전신이 서로 다른 유전 형질을 가지는 조직으로 함께 존재하는 전신 키메라였다. 이런 키메라의 경우 수정란 단계에서 합쳐졌기 때문에, 모든 조직에 관용(tolerance)이 생겼고 문제없이 조화롭게 지내는 것으로 보였다.

키메라가 유산되지 않고 태어났다면, 살아가는 데 특별한 불편을 느끼지도 않는 듯했다. 내가 현장에서 만난 키메라들은 대학생, 공무원 등이었는데 아무 문제 없이 평범한 생활을 하고 있었다. 혈액형 검사를 하지 않았다면 자기 자신이 키메라인 줄 모르고 평생 살아갔을 것이다.

이런 전신 키메라는 매우 드물다. 그런데 혈액에만 키메라 현상이 한정된 혈액 키메라(blood chimera) 쌍둥이가 드물지만 국내외에서 보고된다. 혈액 키메라는 자연 쌍둥이보다는 인공수정에 의한 쌍둥이에서 더 자주 발견된다. 일란성 쌍둥이에서는 혈관이 서로 연결된 유형이 드물지 않는데, 이란성 쌍둥이에서는 드물다. 일단 이런 현상이 발견되면 서로 다르게 태어날 쌍둥이끼리 혈액을 교류한 셈이 된다. 다행스러운 것은 태아 때부터 일어난 일이었고 관용(tolerance)이 생겨 공존이 가능하다. 예를 들어 이란성 쌍둥이가 태어났는데, 한 아이는 A형이고 다른 아이는 O형이 될 예정이었다고 하자. 그런데 태아 때 서로의 혈액을 교류하면 혈액을 만드는 줄기세포까지 교류를 한 것이므로, 태어나면 A형 혈액과 O형 혈액이 공존한 채 평생을 살아간다. 혈액형 검사를 하면 ABO 혈액형은 '약한 A형'으로 나오기 쉽다. A형의 특이한 아형 혈액형으로 오해를 받는 것이다. 유전자 검사를 하면 정확한 키메라 규명이 대부분 가능하다. 그런데 이들은 전신 키메라와 달리 혈액만 교류를 했을 뿐이다. 뇌, 피부, 간 등의 다른 조직은 모두 각자 본인의 것이다. 단지 혈액 세포만 키메라다.

극히 드문 사례지만, 독일에서 키메라 헌혈자의 혈액을 수혈받은 후 사망할 뻔한 사고가 보고된 적이 있다. O형을 가진 61세 남성은 신장암 수술 후 2단위의 O형 적혈구를 수혈받았다. 수혈을 받은 후 약 30분 후에 오한이 오고 숨이 가빠지는 것을 느꼈다. 심장도 빨리 뛰고 심지어는 혈뇨가 나오는 전형적인 수혈 부작용이었다. 몇 시간 후 용혈이 멈춰 추가 수혈은 필요하지 않았다. 원인을 조사하기 위해 헌혈자의 혈액으로 유전자 검사 등

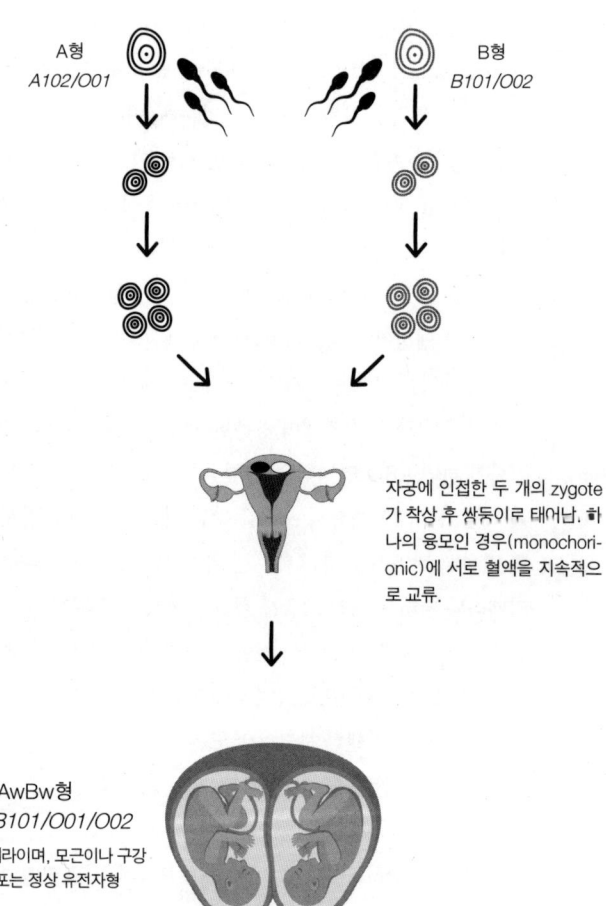

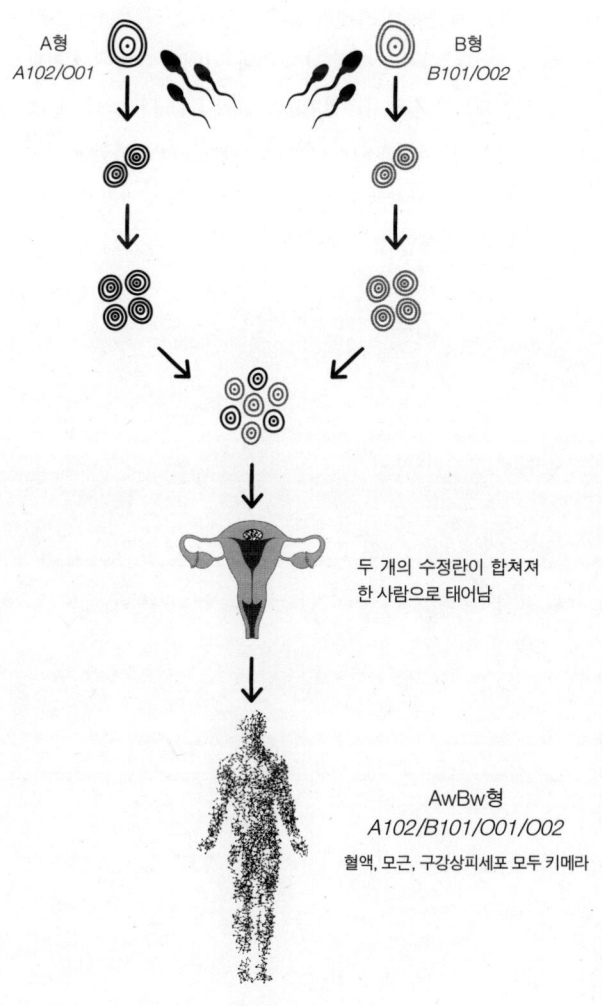

을 했다. 수혈 혈액 가운데 하나는 일반적인 O형이 아니라 O형이 95%인데, B형이 5%인 키메라 헌혈자의 혈액이었다. 혈액을 공급하는 기관에서 키메라 혈액을 놓치고 일반 O형으로 판정한 것이었다. 다시 진행한 검사 결과, 키메라 혈액에서 전형적으로 관찰되는 혼합시야응집반응(a mixed-field pattern of agglutination)이 확인되었다(Pruss *et al*, 2003). 400cc 전혈을 기준으로 계산하면 O형 환자에게 20cc의 B형 혈액이 들어가서 심각한 급성용혈수혈반응이 생긴 것이다.

실습 4.
희귀혈액형 항체가 있는 환자의 수혈 준비

사례 1

항-PP1P(k), 항-Jr(a), 항-Rh17, 항-Fy(a), 항-Di(b), 항-Ku 항체가 있는 환자에게 수혈할 혈액을 찾기 어렵다. 이에 대한 대책은?

풀이 1

> 항-PP1P(k), 항-Jr(a), 항-Rh17, 항-Fy(a), 항-Di(b), 항-Ku 항체가 있는 환자에게 수혈할 혈액을 찾기 어렵다. 이에 대한 대책은?

1) 의료기관에서 대한적십자사와 같은 공급혈액원에 협조를 요청하면 일부 희귀혈액형은 공급받을 수도 있다.

2) 수혈이 필요하지 않거나 적은 양의 수혈만 필요한 수술일 경우, 해당 병원 의료진과 상의해 자가수혈 등을 고려한다.

3) 앞으로 있을지 모를 수혈을 대비해 자가혈액을 냉동보관한다.

4) 가족의 혈액을 조사한다. 일반 헌혈자보다 높은 비율로 동일한 희귀혈액형을 찾을 수 있다. 동일 희귀혈액형을 찾으면 백혈구 제거 및 방사선 조사 후 수혈할 수 있다. 또한 냉동보관해, 미래의 수혈을 대비한다.

* 응급상황에서 항-Jr(a) 항체가 있는 환자에게 수혈할 Jr(a) 음성 혈액을 구할 수 없어, Jr(a) 양성 혈액을 수혈했으나 안전했던 사례도 있다(Chung et al, 2007).
* 일부 희귀혈액형 항체는 데이터가 부족하거나 사례별로 상이한 임상적 의의를 갖기도 한다.

4장 참고문헌

대한진단검사의학회. 『진단검사의학』, 제6판, 2021.

Cho et al. A system for cryopreservation of rare red blood cell units; right time to start. Korean J Blood Transfus. 2015

Choi et al. Alloantibodies to high-incidence antigen: review of cases and transfusion experiences in Korea. Korean J Blood Transfus. 2019

Chung et al. Transfusion of Jr(a)-positive red blood cells to a Jr(a)-negative patient with Anti-Jr(a). Korean J Blood Transfus. 2007

Ha et al. First case in Korea of a patient with anti-PP1Pk antibodies: successful blood management via acute normovolemic hemodilution. Ann Lab Med. 2019

Han et al. A case of fatal hemolytic disease of the newborn associated with-D-/-D-phenotype. Am J Perinatol. 1997

Lee et al. -D-/-D- phenotype frequency among Korean donors. Korean J Blood Transfus. 2018

Nam PS. Experiences of blood bank performance in Brian Allgood Army Community Hospital. Korean J Blood Transfus. 2019.

Pruss et al. Acute intravascular hemolysis after transfusion of a chimeric RBC unit. Transfusion. 2003

Kwon et al. Decrease in the risk of posttransplant hepatocellular carcinoma recurrence after the conversion to prestorage leukoreduction for transfused red blood cells. Transplantation. 2021

Whang et al. A successful delivery of a baby from a D--/D-- mother with strong anti-Hr0. Immunohematology. 2000

비예기항체

주요 비예기항체의 임상적 의의와 수혈

	기타 혈액형	비예기항체	수혈 준비	
임상적 의의 매우 높음	Rh	항-D, 항-C, 항-c, 항-E, 항-e	Antigen negative IAT crossmatch compatible at 37℃	
	Kidd	항-Jk(a), 항-Jk(b)	Antigen negative IAT crossmatch compatible at 37℃	
	Duffy	항-Fy(a), 항-Fy(b)	Antigen negative IAT crossmatch compatible at 37℃	
	MNS	항-M (37℃), 항-S, 항-s	Antigen negative IAT crossmatch compatible at 37℃	
		상기 항체와 자가항체 함께 존재	Antigen negative IAT crossmatch compatible at 37℃, 최소응집반응	자가항체 제거 후 동정항체 동정
백인 등에게는 중요하지만, 한국인에게서는 의의 낮음	Kell	항K, 항k	Antigen negative IAT crossmatch compatible at 37℃	

항체에 대한 예측

암 진단을 받았다. 수술이 잡혔고, 수술 2주 전에 검사를 받았다. 안전한 수술을 위해 실시하는 심전도, 흉부 X-ray, 간 기능, 신장 기능, 혈액형 검사 등이다. 수술 중 수혈 가능성이 있기 때문에 ABO, Rh(D) 혈액형 검사도 받는다. 또한 비예기항체 선별 검사를 진행한다. 이는 ABO, Rh(D) 혈액형 이외의 기타 혈액형에 대한 예상치 못한 항체가 있는지를 살펴보는 검사다. 만약 수술 당일 수혈이 필요해 수혈용 혈액을 출고해야 할 경우에는 교차시험도 실시한다.

    ABO 혈액형의 항체는 예측 가능한 항체다. 99% 이상 적용되는 공식이 있다. A형은 몸에는 항-B항체가 있고, B형은 몸에는 항-A항체가 있고, O형은 몸에는 항-A항체와 항-B항체가 있다. AB형 몸에는 ABO 항체는 없다.

    그런데 Rh(D) 항체부터는 예측이 어렵다. 기타 Rh형인 Rh(C, c, E, e), 그리고 더피(Duffy), 키드(Kidd), MNSs 혈액형에 대한 항체까지 예측하려면 수혈받을 사람의 삶 전체를 꿰뚫고 있어야 한다. 임신한 적은 있나? 유산한 적은 없나? 수혈을 받았던 적은 없나? 여기에 세균 감염으로도 항체가 생긴다는 점을 고려하면 복잡하다. 쉽게 다룰 수 있는 규모가 아니다. ABO 혈액형을 제외한 나머지 혈액형에 대한 예측할 수 없는 항체, 이를 비예기항체라고 한다. 검사를 해보기 전에는 알 수 없는 예측 불가한 항체다.

기타 혈액형 항체로 인한 사망 사례

2002년, 과거에 빈혈로 수차례 수혈을 받은 경력이 있는 70대 남성이 수술을 받기 위해 대학병원에 찾아왔다. 기록에는 그동안 빈혈로 인한 수혈을 받을 때 ABO 및 Rh(D) 혈액형만 맞춘 것으로 나왔다. 환자는 수술 중 수혈이 필요한 상황이 되었다. ABO 및 Rh(D) 혈액형을 맞추고, 기본 교차시험까지 확인 후 적혈구 2단위를 수혈했다.

수술이 끝난 환자는 수혈받은 시간을 기준으로 1시간이 지나 가슴이 답답하다고 했다. 체온도 38℃까지 올랐다. 가슴 불쾌감은 계속되었고, 수혈 후 4시간째 짙은 갈색 소변을 보았다. 환자는 급성용혈수혈반응에 의한 급성신부전과 폐부종으로 수혈 후 3일째 사망하였다. 이런 증상은 잘못된 ABO 혈액형 혈액제제를 수혈할 때 나타나는 전형적인 것이다. 그리나 환자의 ADO 및 Rh(D) 혈액형과 환자가 수혈받은 혈액제제는 일치하는 것이었다.

직접 원인이 된 것은, 예상치 못했던 기타 혈액형 항체인 항-E 항체와 항-Fy(a)항체였다. 과거 수차례 수혈을 받는 과정에서 항체가 생긴 것이다. 해외에서는 기타 혈액형 항체로 환자가 사망하는 사례에 대한 보고가 있었지만, 한국에서는 처음이었다.

당시 수혈을 진행했던 의료진은 해당 내용을 분석해 비예기항체 선별 검사의 필요성을 제기하는 논문을 발표했다. 용기 있는 행동이었다. 감추고 싶은 사고 사례였을텐데도, 다음 사고를 막기 위해 공개한 것이다. 한국에서 출판된 비예기항체 선별 검사에 대한 대표적인 연구이자, 최초의 논문이었다(Kim et al, 2003). 뒤집어서 보면 이 논문이 발표되기 전, 비예기항체 선별 검사가 여러 의료기관에 정착되기 전에도 이런 수혈 이상 반응이 있었겠지만 공개적으로 논의되지 않았다는 뜻이기도 하다. 이 사건은 적혈구 비예기항체를 선별하는 검사를 보험급여로 인정하는 결정적인 계기가 되었을 것이다. 2021년 현재 수혈을 하는 대부분 의료기관에서 수혈 전 검사로 비예기항체 선별 검사를 실시한다.

비예기항체 선별 검사 사각지대

거의 모든 의료기관에서 기타 혈액형에 대한 적혈구 비예기항체 선별 검사를 하고 있지만, 아직 하지 않는 병원도 있을 듯하다. 10년도 더 지난 일이다. 내과 전공의들을 대상으로 적혈구 비예기항체에 대한 강의를 하고 있었다. 강의를 끝내고 나가려는데, 신장내과 전공의가 물어볼 것이 있다며 다가왔다. 다른 병원에서 수술 후 수혈을 받은 환자인데 신장이 망가져 소변이 안 나와 위급하다고 했다. 그래서 급히 대학병원 응급실로 왔지만 원인을 찾지 못했다는 것이었다. 가장 의심되는 것은 ABO 불일치 수혈사고였다. 들어간 혈액과 환자의 혈액으로 다시 ABO 혈액형 검사를 했지만 혈액형은 정확히 일치했다.

그렇다면 기타 혈액형에 대한 비예기항체가 원인일 수 있다는 생각이 들었다. 전공의와 나는 곧바로 환자 혈액에 비예기항체가 있는지 조사했다. 환자는 항-E항체와 항-Jk(a)항체를 갖고 있었다. 2002년 사망 사고 환자의 항-E항체는 같았다. 단 항-Fy(a)항체 대신 키드(Kidd) 혈액형 군의 Jk(a)항원에 대한 항체가 있었다. 원인을 찾았으니 조치를 취할 수 있었다. 내과에서는 망가지려는 신장을 잘 치료했고, 혈액은행에서는 환자에게 적합한 혈액을 수혈했다. 환자와 동일한 ABO, Rh(D) 혈액형의 혈액 가운데 추가로 E항원과 Jk(a)항원이 없는 혈액을 찾아 수혈을 시작했다. 환자는 회복되었다. 원인은 간단했다. 항체가 Rh(E)항원과 Jk(a)항원을 만나 용혈을 일으켰고, 용혈된 적혈구에서 나온 혈색소는 신장을 손상시켰다. 신장 손상으로 자칫 칼륨 농도가 높아지면서 심장이 멎을 수도 있는 상황이었지만, 다행스럽게도 서둘러 손을 쓸 수 있었고 환자는 회복되었다.

대부분 병원에서 시행하고 있을 것으로 믿었던 비예기항체 선별 검사를, 제법 큰 규모의 병원에서 하지 않아 발생한 사례였다. 해당 병원은 수혈을 많이 하는 병원이었다. 설마 했는데 사각지대였다. 당연히 수혈 전 ABO, Rh(D), 비예기항체 선별 검사, 교차시험이 이루어진다고 알고 있었지만 비예기항체 선별 검사는 하지 않았을 것이다. 혹은 비예기항체의 역가가 낮아서 검출되지 않았을 수도 있다. 정말 아찔한 상황이었다.

비예기항체 가운데 일부 항체는 임상적 의의가 낮아 심각하게 생각하지 않을 수도 있다. 그러나 생명을 잃을 수 있을 만큼 위험한 항체도 있다. 방심은 금물이다.

ABO, Rh(D) 다음으로 중요한 기타 혈액형

비예기항체 선별 검사가 필요한 기타 혈액형 항체를 가진 환자는 정확하게 얼마나 될까? 기타 혈액형 항체의 종류, 특히 중요한 항체는 무엇일까? 항체 검출은 쉽고 정확하게 잘 되나? 일반적으로 혈액형 검사를 할 때, ABO와 Rh(D) 혈액형 이외에 특히 중요한 기타 혈액형도 추가로 실시하면 더 안전할 듯한데 왜 하지 않을까?

한국인을 대상으로 한 기타 혈액형 항체 빈도에 대한 조사 결과를 살펴보면, 대상자(헌혈자군 vs. 환자군)나 검출 방법(실온 반응 항체 vs. 37℃에서 반응 항체 검출에 적합한 검사법)에 따라 0.2~1.2%로 다르게 결과값이 나오지만, 약 1% 정도 기타 혈액형 항체가 나왔다. 이 가운데 체온과 비슷한 37℃에서 반응해 임상적으로 의미가 큰 항체는 약 0.2%라고 알려져 있다. 즉 500명 당 1명 꼴로 기타 혈액형 항체를 무시하고 수혈하면 용혈수혈부작용이 일어날 수 있다는 뜻이다.

ABO, Rh(D) 다음으로 중요한 혈액형은 무엇일까? 기타 혈액형 항원마다 면역원성에는 차이가 있다. 어떤 항원이 없는 사람이 해당 항원 양성 혈액을 1회 수혈받았다고 가정해보자. 예를 들어 Rh(D) 음성인 사람이 Rh(D) 양성 혈액을 수혈받는 상황이다. 이때 면역 시스템이 항체를 만들어낼 확률은 Rh(D) 항원이 50%, 켈(Kell) 항원이 5%, Rh(D) 이외의 Rh 항원[Rh(c), Rh(E), Rh(C), Rh(e)]이 4%, 더피(Duffy) 항원이 0.5%, 키드(Kidd) 항원이 0.2% 정도라고 보고되었다(수혈의학, 2014). 이에 따르면 ABO 다음으로 면역원성이 강한 것은 Rh(D)이며, 켈(Kell), Rh(c, E, C, e), 더피(Duffy), 키드(Kidd) 항원의 순서다. 이 순서가 임상적 중요성이라고 보면 된다. 2002년 기타 혈액형 항체로 사망한 사례는 항-E항체와 항-Fy(a)항체가 함께 있었고, 내가 경험했던 회복 환자도 항-E항체와 항-Jk(a)항체였다. 둘 다 한 가지 종류의 항체만 있지 않고, 두 가지 이상의 항체가 있는 복합항체였고, 위험성이 높았다.

혈액형이 지역과 인종에 따라 다르게 분포하듯, 항체 또한 분포가 다르다. 대표적인 예가 켈(Kell) 혈액형 군에 속하는 항-K항체다. 백인에게 K항원은 9% 정도 나타난다. 만약 K항원을 고려하지 않고 수혈하는 시스템이라면 항-K항체가 발생할 가능성이 상대적으로 높다. 이런 이유로 캐나다 혈액원에서는 ABO, Rh(D)와 함께 K항원을 기본 검사로 실시한다. (실제로 K항체 문제로 환자가 사망한 사례가 많았다고 한다.) 한국에서는 사정이 다르다. 한국인, 중국인, 일본인은 K항원이 거의 0%이다. K항원에 대한 검사를 하지 않고 무작위로 수혈해도 항-K항체가 발생할 가능성이 극히 낮다. 단 한국인에게서도 K항체 발생 사례가 보고되었다. 이 가운데 한 사례는 서남아시아(중동) 지역에서 수혈을 받고 항체가 생긴 것으로 추정되었지만 완벽한 원인을 밝힐 수는 없었다(Chang et al, 2011).

K항원과 관련해 한국 수혈 현장에서 크게 걱정할 일은 없다. 한국인 헌혈자 혈액의 거의 100%가 K항원 음성이기 때문이다. 항체와 반응할 항원이 없으면 아무런 문제가 없겠다.

그러나 장기적 대책을 마련하는 것이 현명하다. 전 세계적인 교류가 잦아 한국으로 들어오는 외국인, 외국으로 나가는 한국인, 국제결혼 등이 늘어나고 있기 때문이다. 외부 세계와 교류가 적을 때는 한국인의 혈액형 빈도만을 고려한 수혈 정책이어도 문제가 없었겠으나, K항원을 동반한 외국계 한국인의 비율이 늘고 이들이 헌혈을 하면서 항-K항체가 발생할 확률도 높아질 것이다. 글로벌한 차원에서 교류가 늘어나면 수혈 정책도 그에 따른 변화를 준비해야 한다(Shin et al, 2018).

나는 수년 전에 영국과 독일의 공급혈액원을 방문한 적이 있다. 혈액은행 냉장고 한켠에는 ABO, Rh(D)뿐 아니라 Rh(C, c, E, e), 더피(Duffy), 키드(Kidd), 켈(Kell), MNSs 혈액형을 미리 검사한 혈액이 준비되어 있었다. 한국에서는 영국과 독일의 공급혈액원처럼 혈액제제를 항상 준비할 필요는 없어 보인다. 영국과 독일과 달리 한국에서는 지중해빈혈(thalassaemia) 환자가 드문 것도 하나의 다른 점일 것이다.

지중해빈혈은 헤모글로빈 이상으로 생기는 유전병이다. 이름이 말하듯 지중해 지역에 환자가 많다. 지중해빈혈에는 알파형과 베타형 두 가지 유형이 있다. 베타형은 보통 이탈리아, 그리스 지중해 연안에서 발견되지만 인도나 파키스탄에서도 발견된다. 알파형은 동남아시아 국가나 흑인종에게서 발견된다. 지중해빈혈 환자를 치료하려면 비장을 떼어내거나 수혈을 해준다. 문제는 수혈이다.

지중해빈혈 환자에게 수혈을 자주 하면 몸에 철분이 과다하게 쌓여 장기가 손상된다. 또한 기타 혈액형 항체가 점점 생겨나, 결국에 수혈할 수 있는 혈액이 없어진다. 한국에서처럼 ABO와 Rh(D)만 맞추고 기타 혈액형은 무작위로 여러 번 수혈하면 확률상 항체가 하나둘씩 늘어난다. 따라서 이런 환자들은 ABO, Rh(D)뿐 아니라 켈(Kell), Rh(C, c, E,, e), 더피(Duffy), 키드(Kidd) 등 적어도 7~8개의 혈액형까지 맞춰 수혈받아야 한다.

한국에서도 반복 수혈이 필요한 간경화 환자 등에 대해 이런 점을 고려해야 한다는 보고가 있다(Kim *et al.* 2019). 그러나 한국에서 시행하는 수혈 전 검사 정책인 ABO, Rh(D), 비예기항체 선별검사, 교차시험의 가성비가 워낙 좋은 편이다. 반복적인 수혈이 필요하지 않고 일회적인 수혈이 필요한 환자에게 7~8개의 혈액형을 맞춰 수혈하는 것은 어느 정도 낭비일 수 있다.

비예기항체 선별 검사 팁

비예기항체 선별 검사에서 양성이 나오면 동정검사를 실시하여 항체를 구체적으로 확인한다. 이후 종류에 따라 혈액을 선별한다. 임상적 의의가 높은 항체는 두 단계를 모두 권장한다. 첫 번째, 항원 검사로 음성 혈액을 선별한다. 두 번째, 선별된 혈액을 쿰스(Coombs) 시약을 포함해 37℃에서 반응을 확인하는 쿰스 교차시험으로 음성임을 확인한다. 물론 두 단계의 순서를 바꾸는 것도 상관없다. 만약 임상적 의의가 낮은 항체라면 항원 음성 혈액을 선별하는 것은 생략하고, 쿰스 교차시험만 실시한 후 음성임을 확인한 혈액을 수혈할 수 있다.

한편 자가항체가 있는 경우에는 교차시험에 모두 양성반응을 보여, 음성인 혈액을 찾을 수 없는 경우가 많다. 이 경우는 여러 개의 혈액과 교차시험을 해서 '가장 최소한의 응집'을 보이는 혈액을 수혈할 수 있다. 최소부적합(least incompatible)을 보이는 혈액을 수혈하는 것이다.

드물지 않게 자가항체와 임상적 의의가 있는 비예기항체가 함께 있는 경우가 있다. 이럴 때는 자가항체에 가려져서 중요한 비예기항체 동정을 놓칠 수가 있다. 따라서 자가항체를 제거하는 방법들 (PEG나 ZZAP 등)을 쓴 후 비예기항체를 동정해야 한다. 이렇게 비예기항체가 동정되면 해당 비예기항체에 반응할 항원이 없는 혈액을 선별한 후 최소응집반응 혈액을 수혈하면 된다. 예를 들어 항-E항체와 자가항체가 함께 있다면, CDe처럼 E항원이 없는 혈액을 먼저 선별한 후 최소응집반응 혈액을 수혈한다.

ABO, Rh(D) 이외의 수많은 혈액형을 직접 검사할 수 없는 의료기관도 많다. 따라서 이런 경우 혈액원에 요청하면 대부분 해당 항원이 없는 혈액을 선별하여 공급해준다. 예를 들면 항-E, 항-c, 항-Fy(b) 항체가 섞여 있는 경우 무작정 쿰스 교차시험으로 음성 혈액을 찾기 어렵다. 이 경우 혈액원에 미리 요청하면 이들 항원이 존재하지 않은 혈액을 선별하여 공급받을 수 있는 경우가 대부분이다.

항체 기반 항암제 개발로 복잡해진 수혈 검사

항체 치료제의 암을 고치는 능력이 점점 주목받고 있다. 다발성 골수종(Multiple myeloma)은 항체 분비에 특화된 백혈구인 형질세포(plasma cell)에 생기는 혈액암이다. 다발성골수종에 걸린 형질세포 표면에는 CD38이라는 당단백 물질이 지나치게 발현한다. 이 다발성골수종 치료를 위해 다라투무맙(daratumumab, 제품명: Darzalex®)이라는 CD38에 결합하는 단일클론항체가 개발되었고, 임상에서도 효과가 뛰어난 것으로 보고되고 있다. 다라투무맙이 형질세포에 지나치게 많이 발현한 CD38에 결합해 활성을 떨어뜨리고, 다른 면역세포들로 하여금 비정상적인 형질세포를 공격하도록 유도하기 때문이다. 다라투무맙은 치료 효과를 인정받아 2015년에 미국 FDA에서 치료제 승인을 받았다.

다라투무맙은 다발성골수종 환자에게 희망을 주었지만, 혈액은행 검사실에는 고민을 주었다. CD38은 적혈구 표면에서도 나타난다. 따라서 골수종 환자가 치료를 위해 다라투무맙을 투여받으면, 다라투무맙은 다발성골수종 암세포의 CD38과도 결합하지만 적혈구 표면에 있는 CD38에도 결합한다. 문제는 혈액은행 검사실에서 다발성골수종 환자에게 수혈하기 전에 비예기항체 검사를 하면, 다라투무맙과 시약용 적혈구가 모두 결합해버린다는 점이다. 이 경우 어떤 환자는 자가항체를 가진 것처럼 보이고, 어떤 환자는 고빈도항원을 가진 환자에 생긴 항체와 유사한 결과를 보인다. 이렇게 되면 기존 검사법으로는 비예기항체가 있는지 없는지를 판단할 수 없게 된다. CD38을 파괴할 수 있는 디티오트레이톨(dithiothreitol, DTT)이라는 물질을, 비예기항체 시약으로 사용하는 적혈구에 처리한 다음 검사를 해야 한다. 시간과 노력이 더 들어가는 셈이다. 그나마 다행인 것은 비예기항체 선별을 위한 시약용 혈구에 DTT를 처리하면 해결된다는 점이다.

 최근에 임상시험을 하고 있는 CD47 항체로 만든 치료제도 다라투무맙보다 더 큰 고민을 검사실에 안겨준다. CD47은 급성 백혈병, 림프종, 대장암, 직장암 등에서 많이 발현된다. 그런데 CD47은 Rh 혈액형을 구성하는 단백질 구조체 가운데 하나이기도 하다. 때문에 적혈구에 CD38처럼 발현한다. 따라서 항-CD47 항체를 항암 치료 목적으로 투여받은 후 비예기항체 선별 검사를 하면 시약용 적혈구가 모두 응집한다. 자가항체처럼 보이고, 용혈반응을 유발할 수 있는 동종항체가 있는지 알 수가 없다. 다라투무맙 투여 환자에게는 DTT가 해결사 역할을 할 수 있는데, 항-CD47항체를 투여하는 환자를 대상으로는 더 복잡한 추가 검사가 필요하다. 항-CD47항체를 투여하기 전에 미리 ABO, Rh(D), Rh(C, c, E, e), 더피(Duffy), 키드(Kidd), MNSs 혈액형을 검사해 맞춤 수혈을 시도해야 한다. 그런데 환자의 주요 혈액형에 대하여 미리 검사를 하지 않고 항-CD47항체를 투여한 경우에는 방법이 없다. 모든 적혈구에 이미 응집이 생기므로 검사를 제대로 할 수 없다. 이러한 경우에는 유전자 검사로 중요 혈액형 검사를 미리 실시하는 것이 방법일 것이다. ABO, Rh(D)와 함께

Rh(C, c, E, e), 더피, 키드, MNSs를 유전자 검사로 검사한 후 맞춤 수혈을 시도해볼 수 있다.

실습 5.
비예기항체, 자가항체, 간섭 약물의 해결 방안

사례 1

비예기항체/자가항체/약물	추가 검사	수혈 혈액 준비	기타
항-E항체			
항-E+c항체			
항-Jk(a)항체			
항-Fy(a)항체			
항-M항체			
항-E, 항-c, 항-Fy(a)항체			

풀이 1

비예기항체/자가항체/약물	추가 검사	수혈 혈액 준비	기타
항-E항체	RhCE 검사	1) E항원 음성 혈액을 선별한 후 2) IAT 단계 교차시험 적합 혈액 출고	- 한국인은 E항원이 없는 CDe 표현형이 3명에 1명 꼴로 흔하므로 쉽게 구할 수 있음 - 항-E 항체와 함께 항-c항체가 동반되지 않았어도 항-c항체 발생 예방도 되고, 구하기도 쉬우므로 CDe 혈액을 선별하여 수혈. - 항-E 항체를 포함하여 비예기항체는 시간이 갈수록 역가가 떨어져 항체 선별 검사 음성인 경우가 생긴다. 하지만 해당 항원 양성 혈액이 수혈될 경우 기억반응(amnestic reaction)에 의해 용혈성 부작용이 발생할 수 있기 때문에 해당 항체 동정 이력이 있는 경우 항원 음성 혈액을 선별해야 됨 (특히 임상적으로 중요도가 높은 Rh, Duffy, Kidd, MNS 항체 등에 해당)
항-E+c항체	RhCE 검사	1) E, c 항원 음성 혈액을 선별한 후 2) IAT 단계 교차시험 적합 혈액 출고	항-E항체만 있는 경우나 항-c항체가 동반되는 경우, 수혈 전략은 동일
항-Jk(a)항체	Jk(a)항원 검사	1) Jk(a) 항원 음성 혈액을 선별한 후 2) IAT 단계 교차시험 적합 혈액 출고	

비예기항체/자가항체/약물	추가 검사	수혈 혈액 준비	기타
항-Fy(a)항체	Fy(a)항원 검사	1) Fy(a)항원 음성 혈액을 선별한 후 2) IAT 단계 교차시험 적합 혈액 출고	
항-M항체	M항원 검사, 실온 혹은 4℃에서 항체동정검사	1) 항-M항체가 37℃에서 반응하는 경우, M항원 음성 혈액을 선별한 후 IAT 단계 교차시험 적합 혈액 출고 2) 항-M항체가 37℃에서 반응하지 않는 경우, IAT 단계 교차시험 적합 혈액 출고	항-M항체가 37℃에서 반응하는 경우에만 임상적으로 의미가 있어서 M항원 음성 혈액을 출고할 필요가 있음. 한랭항체인 경우가 많기 때문에 실온과 4℃에서의 항체동정검사가 도움이 될 수 있음
항-E, 항-c, 항-Fy(a) 항체	RhCE 검사 Fy(a)항원 검사	1) E, c, Fy(a) 항원 음성 혈액을 선별한 후 2) IAT 단계 교차시험 적합 혈액 출고	여러 항체가 복합적으로 존재하는 환자에게 적합한 적혈구를 준비하기 어려운 경우가 흔하다. 대한적십자사에 미리 도움을 요청하면 대부분 도움을 받을 수 있다.

실습 5.
비예기항체, 자가항체, 간섭 약물의 해결방안

사례 2

비예기항체/자가항체/약물	추가 검사	수혈 혈액 준비	기타
자가항체			
자가항체와 항-E항체			
항-K항체			
항-Le(a)항체			
Daratumumab			

풀이 2

비예기항체/자가항체/약물	추가 검사	수혈 혈액 준비	기타
자가항체	자가흡착 또는 동종흡착	1) 흡착한 혈장을 대상으로 항체동정 검사 진행 2) 동종항체가 없는 것을 확인하고 IAT 단계 교차시험에서 최소응집반응 혈액을 출고	자가항체는 대부분 임상적으로 의미 있는 용혈성부작용을 일으키지 않아서 그것 자체로 문제가 되지 않지만, 동반된 동종항체의 동정을 어렵게 하는 문제를 발생시킴. 흡착을 할 수 없는 상황이라면, 혈장을 단계적으로 희석하는 방법도 고려할 수 있음. 희석된 혈장은 자가항체에 대한 반응성은 사라지고, 동종항체에 대한 반응성만 남아서 정확한 동종항체 검출을 가능하게 할 수 있음.
자가항체와 항-E항체	자가흡착 또는 동종흡착	1) 흡착한 혈장을 대상으로 항체동정 검사 진행 2) 항-E항체가 검출된다면 E 항원 음성 혈액 중에 IAT 단계 교차시험에서 최소응집반응 혈액을 출고	항원 음성 혈액을 선택하더라도, 자가항체에 대한 반응성 때문에 IAT 단계 교차시험에서 부적합 반응이 발생함. 그러나 자가항체는 임상적으로 의미가 낮아 이로 인한 부적합 반응은 무시할 수 있음.
항-K항체	K항원 검사	1) K항원 음성 혈액을 선별한 후 2) IAT 단계 교차시험 적합 혈액 출고	K항원은 한국인에서 거의 발견되지 않기 때문에 항-K항체는 외국인 공여자에 의한 수혈 또는 자연항체로 발생. 항-K항체가 발생하더라도, 한국인 공여자들은 K 항원 음성이 거의 100%이기 때문에 수혈에 문제가 되지 않음.

비예기항체/자가항체/약물	추가 검사	수혈 혈액 준비	기타
항-Le(a)항체	실온과 4℃에서 항체동정검사	1) IAT 단계 교차시험 적합 혈액 출고	항-Le(a), 항-Le(b) 항체는 보통 임상적으로 의미가 낮아서 해당 항원 음성을 선별한 후 IAT 검사를 해야 하는 Rh, Duffy, Kidd, MNS 항체 등과 달리 IAT 단계 교차시험만으로 충분함. 한랭항체인 경우가 많기 때문에 실온과 4℃에서의 항체동정검사가 도움이 될 수 있음.
Daratumumab	DTT 처리	1) 적혈구에 DTT 처리 후 항체선별검사 2) 음성일 경우 ABO/Rh 매칭 혈액 출고하고, 동종항체 동정될 경우 해당 항원 음성 혈액 출고	적혈구에 Daratumumab이 부착되는 CD38 항원을 가지고 있기 때문에 DTT 약물을 사용하여 CD38을 변성시킨 시약 적혈구의 사용이 비예기항체를 선별하는 데 필요함. 다만 DTT의 사용은 K항원을 변성시켜서 항-K항체를 검출할 수 없는 단점이 있지만, 항-K항체가 거의 검출되지 않는 한국인에게서 이런 단점은 큰 문제가 되지 않음

5장 참고문헌

『수혈의학』, 제4판, 2014

Chang et al. Three cases of anti-K and the KEL gene frequency in the Korean Population. 2011

Kim et al. Fatal acute hemolytic transfusion reaction due to Anti-E+- Fy(a). Korean J Lab Med. 2003

Kim et al. Red blood cell alloimmunization in Korean patients with myelodysplastic syndrome and liver cirrhosis. Ann Lab Med. 2019

Shin et al. Frequency of red blood cell antigens according to parent ethnicity in Korea using molecular typing. Ann Lab Med. 2018

수혈 필드 매뉴얼

수혈이상반응

용혈수혈반응	급성	ABO 불일치 수혈 사고. 항-Fy(a)항체, 항-Jk(a)항체 (Acute Hemolytic Transfusion Reaction)
	지연성	Rh 계열 항체 (항-E항체, 항-c항체, 항-c항체, 항-E항체 등) (Delayed Hemolytic Transfusion Reaction)
비용혈수혈반응		발열 (Febrile Nonhemolytic Transfusion Reaction)
		알레르기 (Allergic Reaction)
		아나필락시스 (Anaphyactic Reaction)
		수혈관련급성폐손상 (Transfusion-ralated Acute Lung Injury, TRALI)
		수혈관련순환량과다 (Transfusion-associated Circulatory Overload, TACO)
		수혈관련호흡곤란 (Transfusion-associated, TAD)
		수혈관련이식편대숙주병 (Transfusion-associated Graft-versus-host Disease)
수혈전파성 감염	바이러스	HIV, HCV, HBV, HTLV
	세균	매독, 브루셀라증
	기생충	말라리아

수혈이상반응을 '수혈부작용'으로 불러왔다. 부작용보다는 수혈이상반응이 좀더 중립적이고 포괄적인 용어다. 수혈이상반응은 미리 준비하여 최대한 예방해 피할 수 있는 것은 피하고, 이미 발생한 경우는 빨리 확인해 대응해야 한다.

수혈이상반응 I.
용혈수혈반응

B형 환자에게 A형 적혈구제제가 잘못 수혈되면, 환자 몸속에서 용혈수혈반응이 곧바로 일어나기 시작할 것이다. 수혈 후 15분 안에 반응이 나타나므로 수혈 전에 환자의 활력징후(체온, 맥박, 호흡수)를 측정하고 수혈 15분 후에도 측정한다. 이상이 없으면 수혈을 지속한다. 수혈 과정이나 종료 후에도 오한, 발열, 저혈압, 호흡곤란, 흉통 등이 있는지 관찰해야 한다.

이렇게 수혈 중 또는 수혈 후 24시간 이내에 용혈로 인해 반응이 나타나는 것이 급성용혈수혈반응이다. ABO 불일치 수혈사고에서 나타나는 대표적인 이상반응이다. ABO 혈액형이 대표적이지만 다른 혈액형의 항원-항체 반응으로도 급성용혈수혈반응이 나올 수 있다. 더피[Duffy, Fy(a)항원-항체 반응], 키드[Kidd, Jk(a)항원-항체 반응], 켈[Kell, K항원-항체 반응] 혈액형에서 일어날 수 있다.

수혈 후 24시간 지난 후에도 용혈수혈반응이 나타날 수 있다. 이는 지연성용혈수혈반응이다. 뒤늦게 나타나기 때문에 의료진의 조치가 늦어질 수 있다. 이는 주로 ABO 혈액형 외의 기타 혈액형에 의해 주로 일어난다. 지연성용혈수혈반응은 어쩔 수 없이 일어나기도 한다. 수혈 당시에는 기타 혈액형 항원에 대한 항체의 역가가 낮아 수혈에 적합하다고 판단을 내린다. 그런데 과거 기타 혈액형의 특정 항원에 노출되었던 환자가 수혈로 인해 다시 한 번 노출되면, 면역세포가 해당 항원을 기억하고 기왕반응(anamnestic response)을 일으켜 항체를 만들어 수혈된 적혈구를 용혈시킨다. 따라서 임상적으로 중요한 항체가 한 번이라도 발견되면 이후 역가가 떨어진다고 해도 해당 항원을 피해서 수혈해야 하는 이유다. 지연성용혈수혈반응은 수혈 후 수일에서 수주 사이에 발열과 빈혈이 나타나면서 발견되기도 한다. 수혈을 받고 회복해 퇴원한 환자에게 갑자기 열이 나고 빈혈이 심해지면 이를 의심해야 한다. 다행히 기타 혈액형의 항체 검사(비예기항체 선별 및 동정검사)를 건강보험 급여항목으로 인정해주고 있다. 수혈을 지속적으로 받는 환자는 3일 간격으로 항체 검사를 모니터링할 수 있어, 지연성용혈수혈반응에 의한 환자 사망을 없애는 데 도움을 주고 있다.

ABO 불일치 수혈사고의 원인과 예방

ABO 불일치 수혈로 인한 용혈수혈반응의 가장 흔한 원인은 '실수'다. 실수는 어디서 발생할까? 우선 검체 채취 단계에서 실수다. 다른 환자에게 채혈할 수도 있고, 잘 채혈한 다음 채혈 튜브에 라벨을 잘못 붙일 수도 있다. 검사 과정에서 오류가 발생할 수도 있다. 다음은 기록 실수다. 검사를 잘 해놓고 혈액형을 잘못 입력(기록)할 수도 있다. 마지막으로 수혈 과정이다. 사실 다른 환자에게 수혈하는 과정에서 실수가 제일 흔하다.

실수를 예방할 수 있는 방법은 노력하는 것과 시스템을 구축하는 것뿐이다. 나는 효과적인 예방을 위한 캠페인을 논문으로 제안했었다. 「ABO 혈액형 불일치 수혈사고의 예방: '2-2-2 안전수혈 캠페인'」이다. 핵심 내용은 채혈을 두 번 할 것, 혈액형 검사는 두 사람이 할 것 (또는 두 가지 방법으로 할 것), 수혈을 할 때 두 사람이 확인하고 수혈할 것이다(Cho et al, 2013).

그럼에도 사고를 예방하는 최선의 방법은 전산화된 시스템이다. 바코드(bar code), 무선 주파수 인식을 통한 자동인식기술인 RFID(radio-frequency identification) 등의 기술을 활용한 환자/검체/혈액제제 확인 시스템이 필요하다. 비용이 문제여서 일부 병원에서만 이런 시스템을 운영하고 있지만, 수혈을 하는 모든 병원에서 적용될 수 있도록 노력해야 한다.

채혈 실수와 수혈사고 가능성

거의 모든 현장에서 수혈 과정의 실수를 없애려 노력한다. 환자를 확인하고 수혈할 때 거의 모든 병원에서 두 사람(의사와 간호사 또는 두 명의 간호사)이 확인하고 수혈하는 것이 일반적이다. ABO 혈액형 검사도 두 검사자가 두 가지 방법(혈구형 및 혈청형)으로 검사를 한다. 이는 수혈사고 예방에 큰 도움이 된다.

한편 채혈 과정에서 생기는 실수도 매우 심각한 문제인데, 비중 있게 다루어지지 않기도 한다. 현장에서 환자와 부딪혀야 하는 문제와도 관계가 있다. 응급실로 환자가 오면 처음에 환자의 질병을 파악하기 위해 채혈을 하고 각종 검사를 한다. 이때 수혈이 필요할 수도 있는 환자는 ABO, Rh(D) 혈액형 검사까지를 진행해 병원 전산망에 기록한다. 출혈 등의 원인으로 환자에게 수혈이 필요하면 수혈 전 검사[비예기항체 선별 검사, 교차시험]를 위해 다시 채혈을 해야 한다. 환자나 보호자 입장에서 보면, 이미 한 번 채혈을 했는데 다시 채혈을 하는 것에 대해 불만을 제기할 수 있다. 수혈을 하겠다면서 피를 한 번 더 뽑겠다고 하는 의료진에 불만을 표시하기도 한다.

10여 년 전 ABO 불일치 수혈사고가 날 뻔한 적이 있었다. 응급실 인턴이었던 '갑'은 A형 응급 환자의 질병 상태를 파악하기 위해 채혈을 했다. 곧바로 환자에게 수혈을 해야 한다는 결과가 나왔다. 혈액 출고 전 혈액은행에서는 교차시험용 검체를 다시 채혈해 달라는 요청이 왔다. 그런데 갑 인턴은 다시 채혈할 때 환자와 보호자의 눈총이 싫어 꾀를 냈다.

갑 인턴은 최초 채혈할 때 검체를 하나 더 채혈해 응급실에 보관해 두었다. 혈액 출고를 위한 교차시험용 검체를 다시 채혈하지 않고, 미리 채취해준 혈액을 검사실로 보냈다. 요청한 적혈구 제제가 응급실에 도착했지만, 환자의 상태가 위중해 더 큰 병원으로 옮긴 뒤였다. 그런데 혈액을 반납하는 과정에서 엄청난 일이 밝혀졌다. 혈액은행에서 도착했던 혈액은 B형 적혈구제제였다. A형 환자에게 B형 적혈구제제를 수혈할 뻔 했다.

당시 나는 수혈 담당 교수 자격으로 사실 관계를 확인하려 갑 인턴과 면담을 하였다. 갑 인턴은 응급 환자에게 급하게 채혈하면서 옆에 있던 다른 환자에게 채혈한 것이다. 어처구니 없는 실수였지만 아무리 주의해도 누구에게나 일어날 수 있는 일이었다. 이런 실수를 줄이기 위해 두 번 채혈하는 시스템을 대부분 병원에서 운용하는 것이다.

처음 방문한 병원에서 수혈을 받아야 한다면 두 번 채혈하는 것이 원칙이다. 그러나 이미 ABO 혈액형 검사 결과가 병원 전산 시스템에 있다면 예외적으로 한 번 채혈로 수혈할 수는 있다. 암 환자가 대표적인 예다. 또한 영유아나 채혈이 불가능할 정도의 환자라면, 한 번의 채혈로 혈액을 출고하기도 한다. 대신 채혈자에게 환자 확인을 철저하게 했다는 확인 서약서를 추가로 받기도 한다. 원칙을 지키는 것이 중요하다. 환자에게 두 번 채혈하는 불편도 없애고 안전한 수혈을 위해서는 시스템을 갖추어야 한다. 현재는 바코드 등 자동인식 기술을 활용한 환자 확인 시스템이 가장 믿을 수 있는 방안이다.

ABO 불일치 수혈사고

한국혈액안전감시체계(Korean Hemovigilance System) 연간보고서, 법원 판례, 논문 등을 찾아본 결과 1953~2019년 동안 ABO 혈액형 부적합 수혈은 32건이 있었다. 이 가운데 사망자는 4명, 생존자는 23명, 불완전 조사로 결정이 어려운 사례가 5건이었다. 수혈을 하는 전체 횟수와 ABO 불일치 수혈사고의 발생 횟수의 비교한 데이터를 보면, 외국에 비해 한국에서 보고된 사망 사고 사례가 실제보다 적다고도 할 수 있다(Choi et al, 2021). 한편 적혈구제제와 달리 혈장제제나 혈소판제제가 실수로 수혈된 경우에는 부작용으로 사망에 이르는 경우가 드물다. 또한 ABO 수혈이 잘못 이루어지는 경우라고 해도, 원래 문제가 없는 방식인 경우도 있다. 예를 들어 O형 적혈구제제를 A형, B형, AB형에게 수혈한다든지, A형, B형 적혈구제제를 AB형 환자에게 수혈하는 등의 경우다.

최근 사례로는 환자 확인 과정에서 실수가 발생해, 70대 B형 환자에게 A형 농축적혈구 1단위가 잘못 수혈된 경우가 있었다. 환자는 수혈 후 급성용혈반응, 젖산산증, 파종성혈관내응고증 소견을 보였으며, 중환자실에서 지속적 신대체요법을 시행했고 7일 후 회복했다. 그러나 폐부종, 위장관출혈, 허혈성대장염 등의 다른 합병증이 지속적으로 발생하여 환자는 결국에는 사망했다(Lim et al, 2018).

ABO 불일치 수혈사고가 발생했으나 사망하지 않고 회복된 사례를 보자. 다발성 외상으로 응급실에 온 50대 O형 환자에게 A형 적혈구세세 1단위가 실수로 모두 수혈되었지만 회복된 사례다. A형이 적혈구제제 1단위를 잘못 수혈받은 50대 O형 환자에게는 좀더 적극적으로 환자 혈장 내부의 병적 성분을 없애고, 신선한 혈장을 보충하는 혈장교환(plasma exchange)술을 시행하였다. 표준 치료법은 아니었지만 환자에게 빠르게 적용했고, 환자는 회복되었다. 이처럼 ABO 수혈사고가 발생하더라도 의료진이 빨리 발견하고 빠른 조치를 취하면 사망사고를 예방할 수 있다(Kim et al, 2018).

ABO 불일치 수혈사고로 급성용혈수혈반응이 의심되면 즉시 수혈을 중단하고 생리식염수를 주사해야 한다. 원인 규명과 함께 즉시 저혈압에 대한 조치, 신장혈류 유지 등의 조치를 취해야 한다. 또한 부적합 혈액의 추가 수혈을 막아야 한다.

2015년 독일 연구진은 ABO 수혈사고가 발생했을 때 시행하는 기존 처치법과 다른 시도를 소개했다. B형 환자에게 실수로 A2(A형의 일종으로 아형) 적혈구제제 1단위가 수혈되었다. 수혈 후 수 시간 동안 혈색소혈증과 혈색소뇨가 발견되었다. 의료진은 수혈 후 1시간 이내에 보체 활성화를 막을 수 있는 에쿨리주맙(Eculizumab; a monoclonal antibody that binds to the complement component C5 and blocks its cleavage)을 투여했다. 에쿨리주맙은 발작성야간혈색뇨 치료에 사용되는 단클론항체인데, 급성용혈 수혈반응 치료에 성공적으로 적용되었다(Weinstock et al, 2015).

수혈이상반응 II.
비용혈수혈반응

용혈수혈반응은 적혈구 항체가 주로 문제가 된다. 비용혈수혈반응은 원인이 다양하고 복잡하다. 수혈관련급성폐손상, 알레르기, 아나필락시스, 수혈관련이식편대숙주병 등이 대표적이다. 그리고 수혈이상반응의 대부분은 발열성비용혈수혈반응이다

발열은 환자의 임상적 상황으로 설명되지 않는, 수혈 중 또는 수혈 직후 38℃ 이상의 발열, 또는 수혈 전과 비교하여 1℃ 이상의 체온 상승으로 정의된다. 오한, 오심, 두통, 빈호흡 등이 나타날 수 있다. 발열은 급성용혈수혈반응, 수혈관련급성폐손상, 세균에 오염된 혈액제제의 수혈 등에서 나타날 수 있으니 이를 고려해 잘 관찰해야 한다.

발열의 원인은 다양하다. 혈액제제가 보존되는 동안 백혈구에서 분비되어 축적된 생체반응조절물질(biological response modifier)이나, 수혈되는 백혈구와 환자의 항-백혈구 항체의 반응으로 열이 유발될 수 있다. 따라서 백혈구 제거 혈액제제를 수혈하면 예방할 수 있다. 병원에서 환자 베드 옆에서 백혈구를 제거하거나 혈액은행에서 백혈구를 제거한 제제보다는, 혈액원에서 헌혈 받은 후 보관 전에 백혈구를 제거한 제제가 더 안전하다. 그러나 백혈구를 없앤 혈액제제를 수혈해도 발열을 막아낼 수 있는 비율은 약 50% 정도다.

알레르기 반응(allergic reaction)은 비교적 흔하다. 가려움, 두드러기, 홍반, 홍조 등이 대표적인 증상이다. 오심, 구토, 복통, 설사가 함께 동반되기도 한다. 한편 혈관부종이 눈과 입술 주위에 발생하기도 하는데, 심하면 호흡곤란을 일으킬 수 있다.

한편 일반적인 알레르기 반응에 그치지 않고 심각한 아나필락시스 반응을 보이는 경우가 있어 주의해야 한다. 저혈압, 빈맥, 부정맥, 의식소실, 쇼크, 심정지 등이 발생할 수 있다. 알레르기 반응은 항히스타민제로 조절할 수 있고, 수혈도 계속 진행할 수 있다. 그러나 아나필락시스 반응이 있으면 즉시 수혈을 중단하고 에피네프린 근육주사, 산소 투여, 정맥로 확보와 트렌델렌버그 자세(trendelenburg position) 유지 등의 처치를 해야 한다. 나는 혈소판 수혈을 받은 암환자에게 아나필락시스 반응이 드물지 않게 나타나는 것을 경험했다. 적극적인 조치를 하지 않으면 위험하다.

이러한 반응들은 적혈구제제보다는 혈소판제제 및 혈장제제에서 더 자주 경험하게 된다. 알레르기는 약 1~3%의 빈도로 보고되고 있고, 아나필락시스 반응은 정확한 빈도가 보고되지는 않았지만 드물지 않다. 서구인을 대상으로 한 연구에서는 IgA 결핍증처럼 특정 단백 결핍 환자에게 항체가 생성되어 있는 경우, 수혈로 IgA가 들어가면 결합해 이러한 반응을 유발한다고 알려져 있다.

그러나 한국인과 일본인에게서는 다른 원인이 있는 것으로 보인다. IgA 결핍보다는 합토글로빈 결핍이 더 주된 원인인 듯하다. 이 환자들은 합토글로빈 유전자의 결손으로 합토글로빈이 없다. 따라서 합토글로빈에 노출되었을 때 이에 대한 항체를 만들 수 있다. 일단 항체가 만들어지면 수혈받는 대부분 혈액에 합토글로빈이 있으므로 항원/항체 반응으로 아나필락시스 반응이 나타난다. 한국에서도 50대 급성백혈병 환자가 혈소판 수혈 후 아나필락시스 반응을 보인 사례가 보고되었다(Kim et al, 2012).

    이 경우 치료법으로는 원인으로 추정되는 물질(합토글로빈 항체)을 세척으로 제거하는 방법이 있다. 즉 세척적혈구제제 또는 세척혈소판제제를 수혈해야 한다. 문제는 혈장수혈이다. 혈장수혈이 필요한 경우는 혈장을 세척하여 합토글로빈 항체를 제거할 수 없다. 따라서 현재까지는 방법이 없다. 합토글로빈 항체가 원인으로 추정되면 합토글로빈이 결핍된 헌혈자 혈액의 혈장을 수혈해야 하는데, 2021년 현재 한국에서 합토글로빈이 결핍된 헌혈자 혈액의 혈장은 원활하게 준비되어 있지 않는 실정이다. 합토글로빈이 결핍된 혈장을 필요로 하는 환자의 빈도는 낮을 것으로 보이지만 대비하는 것이 필요하다.

    수혈이상반응 III.
    수혈전파성 감염

수혈전파성 감염은 수혈되는 혈액을 매개로 감염 질환이 전파되는 경우다. 병원체에는 바이러스와 세균, 기생충 등이 있는데, 대표적인 것은 바이러스이다.

　2000년대 초반, 잠복기에 있는 에이즈(AIDS) 바이러스가 수혈로 전파되는 사건이 있었다. 사회적인 관심이 쏠렸고 학계와 당국은 '혈액안전관리개선종합대책'을 추진했다. 2005년부터는 인간면역결핍 바이러스(human immunodeficiency virus, HIV), C형 간염 바이러스(hepatitis C virus, HCV), 2012년에는 B형 간염 바이러스(hepatitis B virus, HBV)에 대한 핵산증폭검사(nucleic acid amplification test, NAT)가 시작되었다. 헌혈자 검사체계의 수립이었다. NAT는 바이러스의 유전물질(RNA 또는 DNA)을 증폭해 검출하므로 혈청학 검사보다 빠르게 바이러스를 검출할 수 있지만, 기존 혈청학 검사를 완전히 대체할 수는 없다. 2021년 현재는 두 가지 모두를 사용한다. 한국에서 사용하는 수혈전파성 감염 검사는 전 세계적으로도 뛰어난 것으로 인정받는다.

　수혈에 의한 매독 감염은 과거에 심각한 문제였으나, 현재는 매독 환자가 적고 매독균이 냉장온도에서 72시간 보관하면 사멸하기 때문에 거의 문제가 되지 않는다. 단 아직도 헌혈혈액선별검사에 매독 특이항체검사를 시행한다. 이는 매독 자체를 골라내는 것과 더불어 HIV나 HBV 감염 가능성이 높은 헌혈자를 배제시키는 데 더 큰 목적이 있다(진단검사의학, 2021).

　혈소판 제제가 세균에 오염되는 것을 막는 예방 대책은 미흡한 편이다. 세균 오염은 수혈이상반응으로 인한 사망에서 중요한 원인 가운데 하나다. 나는 2010년 4월에 영국에 있는 필톤(Filton)

혈액원을 방문한 적이 있다. 그곳에서는 모든 혈소판제제를 병원으로 보내기 전에 세균배양법으로 세균오염 검사를 하고 있었다. 한국에서는 생소한 것이었고, 어느 정도는 비효율적인 느낌까지 들어서 배경을 물었다. 유럽에서는 최근까지도, 특히 소아 환자들이 세균 오염으로 사망하는 사고가 발생하고 있기 때문이라고 하였다. 당시 한국에서는 혈소판제제 세균오염 예방대책을 실행하고 있지 않았다.

최근에 한국에서도 혈소판 세균오염을 예방하려는 움직임이 있다. 2019년 「국내 실정에 맞는 혈소판제제 세균오염 선별 프로세스 수립」이라는 보고서가 출판되었다. 보고서는 "미국의 혈액원들은 2004년 이후로 거의 모든 성분채혈혈소판에 대해 세균배양 검사를 시행해 오고 있지만, 그럼에도 혈소판 수혈로 인한 패혈증은 꾸준히 발생하고 있다. 미국에서 혈소판 수혈의 92%를 차지하는 성분채혈혈소판을 기준으로 할 때, 세균오염의 잔존 위험도는 1차 세균배양을 함에도 불구하고 2,300분의 1이나 된다"라고 말하고 있다. "국내에 현재까지 수혈로 인한 세균감염으로 특정 수혈부작용 사례 또는 추정 사례로 현재까지 3건이 보고되었으며, 모두 혈소판 제제 수혈 후에 발생한 것임"이라고 하면서 혈소판제제에 대한 수혈 전 세균 오염에 대한 선별 검사가 필요하다고 하였다.

그러나 여러 사정으로 공급혈액원에서 혈소판제제의 세균오염 검사를 실시하는 것은 당분간 어려워 보인다. 대신 채혈 4일 이후의 혈소판제제에서 오염률이 높기 때문에 그 이전에 병원으로

헌혈자 선별 검사

검사항목	검사법	비고
AIDS 검사	HIV 항체 검사	
	HIV NAT (핵산증폭 검사)	
C형 간염 검사	HCV 항체 검사	
	HCV NAT (핵산증폭 검사)	
B형 간염 검사	HBV 항원 검사	
	HBV NAT (핵산증폭 검사)	
사람T세포림프친화바이러스 (HTLV) 검사	HTLV I,II 항체 검사	
매독 검사	매독항체 검사	
간기능 검사(ALT검사)	알라닌아미노전이효소 측정	65 IU/L에서 101 IU/L로 기준 조절됨
말라리아	말라리아 항체 검사	위험 지역 헌혈 혈액에 국한됨

공급하는 현실적인 방안이 모색되고 있는 것으로 보인다.

세균 오염은 주로 헌혈자의 피부 상재균이 원인이다. 헌혈을 할 때는 세균 수가 극소량이다. 게다가 냉장보관하는 적혈구, 냉동 보관하는 혈장에서 이들 세균이 증식할 가능성이 거의 없다. 그런데 혈소판은 실온에 보관하므로 극소량의 세균이 증식할 수 있다.

예방책으로는 헌혈자 피부 소독이 있다. 헌혈을 할 때 처음 나오는 혈액에 상재균이 있을 확률이 더 높다. 샘플 채취 미니 혈액백에 혈액을 모아 검사용 혈액으로 사용하는 것도 도움이 된다. 오염된 세균 가운데 사망을 초래하는 세균은 대부분 그람음성 장내세균들이지만, 피부 상재균도 위험하다. 혈소판을 수혈받아야 할 정도라면 이미 중환자이기 때문이다. 한국에서도 세균에 오염된 혈소판과 연관된 사망사고가 있었다.

말라리아원충(Plasmodium)이 유발하는 급성열성질환인 말리리아도 수혈로 전파될 수 있다. 한국에서도 수혈에 의한 말라리아 감염사례가 보고되었고, 말라리아 위험 지역인 인천, 경기, 강원 북부 지역에 거주하거나 이 지역을 여행한 경우 헌혈을 제한하고 있다. 위험 지역에서 채혈된 혈액은 말라리아 항체 검사를 실시한다(진단검사의학, 2021). 한편 코로나19 사태가 길어지면서 혈액 공급 부족 사태가 심각해지고 있다. 말라리아 위험 지역의 헌혈 제한 정책을 다시 고려할 필요가 있을 듯하다.

백혈구 제거 혈액

혈액은 적혈구, 백혈구, 혈소판과 혈장으로 구성되어 있다. 그러나 헌혈로 공여된 혈액으로 혈액제제를 만들 때는 적혈구제제, 혈소판제제, 혈장제제를 만들 뿐이며 백혈구제제는 만들지 않는다. 오히려 혈액제제를 만들 때 혼입된 백혈구를 없애려 노력한다. 백혈구는 본인 몸속에 있을 때는 외부에서 침입한 병원체와 싸우는 면역세포 역할을 하지만, 다른 사람 몸에 들어가면 여러 수혈이상반응을 일으키는 원인이 되기 때문이다. 이런 이유로 적혈구와 혈소판을 특수한 필터로 걸러 백혈구를 제거하며, 백혈구 제거 적혈구와 백혈구 제거 혈소판이라는 특별한 혈액제제를 만든다.

혈액제제에 백혈구가 있으면 백혈구가 만드는 여러 사이토카인(IL-1, IL-8, TNFa 등)이 발열성수혈반응을 일으킨다. 수혈로 유입된 다른 사람의 백혈구는 환자에게 동종면역을 유발하여 항-HLA항체가 만들어질 수 있다. 환자에게 항-HLA항체가 생기면 혈소판을 수혈해도 혈소판 수치가 오르지 않는 혈소판수혈불응증(platelet transfusion refractoriness)과 급성폐손상 등이 일어날 가능성이 있다.

거대세포바이러스(cytomegalovirus, CMV)는 백혈구에 잠복감염되어 있던 상태로 유입되어 수혈전파성감염을 일으킬 수 있다. 따라서 혈액제제에서 백혈구를 없애는 일은 각종 장기이식 후에 심각한 문제가 되는 CMV 감염 예방에도 효과적이다. 특히나 CMV

항체 양성률이 30~80%인 해외에서는 CMV 항체 음성 혈액을 미리 준비할 수 있지만, CMV 항체 양성률이 94%에 이르는 한국에서는 CMV 항체 음성 혈액 공급이 쉽지 않다(Choi et al, 2018). 따라서 혈액제제에서 백혈구를 없애는 것은 CMV 전파를 예방하는 데 중요하다.

종합하면 일반 혈액제제와 달리 백혈구 제거 혈액제제를 수혈하면 1) 발열성수혈반응이 생길 확률이 낮아지고, 2) 동종면역 반응이 생길 가능성도 낮아지고, 3) 거대세포바이러스 감염 예방에 도움이 된다.

백혈구를 없애는 시기는 두 번으로 나뉜다. 혈액을 얻자마자 비교적 빠른 시간 안에 없애거나, 백혈구가 있는 상태로 혈액은행에 보관하다가 환자에게 수혈하기 직전에 혈액은행이나 환자의 옆에서 없앤다. 혈액을 얻자마자 바로 없애는 것이 제일 좋다. 시간이 지나면 백혈구에서 여러 사이토카인이 분비되므로, 환자에게 수혈하기 직전에 백혈구를 없앤다고 해도 특수 필터로 걸러지지 않는 사이토카인 등의 물질이 환자에게 수혈될 수 있다. 한편 환자에게 수혈하기 전에 바로 옆에서 백혈구를 없앴는데, 고혈압 약인 ACE 억제제 등을 투여받은 일부 환자에게서 심한 저혈압반응이 일어났다는 보고가 있다(K Quillen, 2000). 최근에는 대부분 공급혈액원에서 혈액제제를 보관하기 전에 백혈구를 제거한, 즉 보관 전 백혈구 제거 혈액제제(pre-storage leukocyte reduction)를 사용하는 추세다.

국가마다 수혈 정책은 다르다. 이 가운데 하나가 모든 혈액제제의 백혈구 제거 정책이다. 광우병(크로이츠펠트야콥병; Variant Creutzfeldt-Jakob Disease, vCJD)이 유럽을 공포로 몰아넣었을 때, 백혈구가 광우병 전파에 관여한다는 동물실험 결과가 알려졌다. 이에 영국, 포르투갈, 아일랜드 등 광우병이 유행한 국가에서는 백혈구 제거 혈액제제를 전면 도입하였다.

반면 한국은 모든 혈액제제에서 백혈구를 제거하는 정책의 적용이 비용 등 여러 문제로 늦춰지고 있다. 다만 백혈구 제거 혈액제제 공급량과 사용량은 매년 증가하고 있는 추세다. 현재 한국은 모든 혈액제제에서 백혈구를 제거하고 않고 일부 적응증 환자에게만 백혈구 제거 혈액제제를 사용하는데, 적응증은 늘어가고 있다. 예를 들어 심장 수술이나 대혈관 수술 환자에게도 백혈구 제거 혈액제제를 사용하는 추세다. 또한 간암 환자의 간 조직을 떼어내고 건강한 간을 이식할 때 백혈구를 없앤 혈액제제를 사용하면 간암 재발률을 두 배까지 낮출 수 있다는 연구 결과가 보고(Kwon et al, 2021)되는 등, 백혈구 제거 혈액제제 공급 시스템을 좀더 확대하는 것이 바람직해 보인다. 물론 현실적인 여건이 마련되어 백혈구 제거 혈액제제를 전면 도입하는 것이 가장 바람직하다.

방사선 조사 혈액과 수혈관련이식편대숙주병
(transfusion associated graft versus host disease, TA-GVHD)

방사성 물질인 세슘 137을 사용해 특정 환자에게 수혈할 혈액을 준비한다. 주로 백혈구 제거 혈액제제에 방사선 조사기(irradiator)로 세슘 137을 쬐어 준다. 이를 방사선 조사 혈액이라고 부르는데, 일반 환자 수혈 용도는 아니다. 주로 조혈모세포나 장기를 이식받는 환자, 항암 요법이나 면역억제제 치료로 면역능이 감소된 환자, 선천성·후천성 면역결핍증 환자, 미숙아, 신생아 등에게 수혈할 때 사용한다. 또한 부모와 자녀, 조부모와 손자, 형제자매, 사촌 등 친족끼리 (수혈은 권장되지 않지만 어쩔 수 없이) 수혈을 해야 하는 경우에는 반드시 방사선 조사 과정을 거쳐야 한다.

혈액제제를 방사성 물질에 노출시키는 이유는 수혈관련이식편대숙주병(transfusion associated graft versus host disease, TA-GVHD)을 예방하기 위해서다. TA-GVHD는 10명 가운데 8명이 사망할 정도로 치사율이 높은 병이다. 아주 적은 양이어도 혈액제제 속에 살아 있는 T림프구가 수혈 과정에서 환자에게 주입되면, 골수나 림프계에 생착해 증식할 수 있다. 면역이 억제된 환자의 경우 수혈로 들어간 다른 사람의 T림프구가 환자의 세포를 공격하는데, 비록 발생하는 비율은 낮지만 발병하면 치명적이다. 일반 혈액제제를 수혈할 경우, 면역이 억제된 환자 가운데 약 0.1~1%의 비율로 발병하는 것으로 보고 있다. 치료가 어렵기 때문에 예방하는 것이 최선이다.

TA-GVHD은 혈액제제 속에 있는 T림프구가 원인이므로 방사선으로 완벽하게 죽이는 것이 필요하다. 연구자들은 적혈구와 혈소판 기능은 유지하면서 T림프구만 죽이는 선량(25Gy)을 찾아냈다.

그러나 병원에서 혈액제제 방사선 조사 시설을 갖추는 것은 부담스러운 일이다. 수억 원에 이르는 비용은 물론이며, 장비 운용 인력 교육도 주기적으로 실시해야 한다. 장비가 고장나거나 장비를 폐기할 때 일반적인 장비에 비해 엄청난 비용이 들어가는 것도 문제다. 또 하나의 중요한 문제는 방사선 조사를 하고 시간이 다소 경과된 적혈구 혈액제제를 일부 취약 환자에게 수혈했을 때, 사망에 이르는 심각한 부작용을 일으킬 수 있다는 점이다.

따라서 방사선 조사 혈액제제를 수혈할 때는 주의해야 한다. 방사선을 조사한 농축적혈구는 방사선을 조사하지 않은 혈액보다 상청액 칼륨 수치가 올라간다. 칼륨이 몸속에 빠르게 늘어나면 심정지를 유발할 수 있다. 방사선 조사 적혈구를 급속 수혈하거나, 대량으로 수혈할 때, 칼륨을 잘 처리하지 못한 채 신부전 환자나 미숙아에게 수혈할 때, 체외막산소요법(extracorporeal membrane oxygenation, ECMO) 프라이밍(priming) 시 칼륨 증가로 심장이 멎는 수가 있다.

논문에 보고된 사례를 살펴보면, 1살이 되지 않은 영아를 치료하기 위해 에크모 시술을 해야 했다. 방사선 조사 후 3일이 된 적혈구를 에크모에 채운 다음 장비를 돌렸다. 영아는 몸무게가 많이 나가지 않으므로, 에크모가 돌아가는 것 자체가 대량수혈을 하는 효과를 낸다. 즉 보통 상황에서는 문제가 되지 않았을 수도 있는 칼륨 수치가, 에크모 시술을 받는 영아에게는 과다한 것이었다. 결국 영아의 심장이 멈추는 일이 생겼다(Kim et al, 2015).

방사선 조사 적혈구제제의 유효기간은 방사선 조사 후 28일이지만, 이런 문제가 있어 신부전환자, 미숙아 등 취약환자군에게는 방사선 조사 후 24~48시간 이내에 수혈하거나 세척 후 수혈하는 것을 권장한다. 따라서 모든 환자가 방사선 조사 적혈구에 취약할 수 있다고 가정하고, 적혈구제제는 방사선을 조사한 후 24시간 내에 수혈하는 것을 권장하고 싶다.

방사선 조사 혈액 사용의 위험성 때문에 일부 연구자들은 방사선을 쐬지 않고 TA-GVHD를 예방하는 방법을 찾으려고 했다. 예를 들어 T림프구가 백혈구이므로 백혈구를 잘 없애 TA-GVHD를 예방할 수 있는 법을 찾는 것이었다. 영국의 수혈부작용 관련 연구팀은(Serious Hazards of Transfusion, SHOT) 1996년부터 2005년까지 TA-GVHD 사례 조사를 했다. 이 가운데 치명적이었던 13개의 사례를 찾았다. 13개 사례 가운데 11개 사례는 백혈구를 없애지 않은 경우였고, 백혈구를 없앤 경우는 2건이었다(p<0.001)(Lorna et al, 2007). 백혈구를 없애는 것만으로 TA-GVHD를 더 잘 예방할 수 있다는 통계적으로 의미 있는 결과였다. 그러나 결국 TA-

GVHD를 예방하려면 백혈구를 없애는 과정만으로는 부족하며 방사선을 쬐는 과정이 필수라는 점을 증명한 셈이다.

유니버설 블러드(Universal Blood)

'유니버설 블러드'는 환자 혈액형과 무관하게 수혈할 수 있는 혈액이다. O형 적혈구, AB형 혈소판과 혈장이 유니버설 블러드로 쓰인다. 단 유니버설 블러드가 그 이름처럼 어떤 상황에서도 사용 가능한 혈액제제는 아니다. 기타 혈액형에 대한 위험을 감수하고 사용하는 혈액이다. 따라서 유니버설 블러드는 특별한 상황에서만 허용된다. 우선 환자의 혈액형을 검사할 시간이 없는 응급 상황인데 출혈이 너무 심하다면 유니버설 블러드를 수혈한다.

ABO 혈액형이 일치하지 않는 골수를 이식하는 상황에서도 유니버설 블러드를 쓴다. A형인 환자에게 B형 골수를 이식하는 경우, 두 가지 혈액이 일시적으로 공존하는 키메라 단계가 있다. 이 경우 수혈 기준을 환자 혈액형이나 골수 공여자 혈액형으로 맞출 수 없다. 이때 유니버설 블러드를 유용하게 쓴다. 태아에게 용혈이 생기고 있거나 출혈이 생긴 경우, 임부의 뱃속에 있는 태아에게 교환수혈을 해야 한다. 이때 임부와 태아의 혈액형이 다르면 교환수혈을 하기 어렵다. 이때도 O형 적혈구와 AB형 혈장을 무균처리해서 혼합해 사용한다. 역시 유니버설 블러드다.

긴급하고 특수한 상황에서 유니버설 블러드는 사실상 최선의 선택이다. 그러나 환자 혈액형과 다른 혈액을 수혈하는 것에 대한 심리적 저항이 있다. 만약 A형 환자에게 O형 적혈구를 수혈해야 하는 상황에서 환자나 보호자, 때로는 의료진도 멈칫하는 것이다. 수혈사고에 대한 두려움으로 인해 '환자와 혈액형과 일치하는 ABO 혈액형 수혈'이라는 명제가 머릿속에 새겨진 것이다. 당연히 안전한 수혈법이지만, 상황의 긴급함과 특수함을 고려할 필요도 있다.

유니버설 블러드라면 주로 O형 혈액제제를 떠올린다. 그러나 적혈구만 O형이고, 혈소판과 혈장은 AB형이다. AB형 혈장은 항-B항체와 항-A항체가 없는 유니버설 블러드다.

유니버설 블러드는 Rh(D) 혈액형도 따져야 한다. Rh(D) 음성 혈액제제는 Rh(D) 양성과 음성 모두에게 안전하다. 따라서 이 경우 유니버설 블러드는 Rh(D) 음성이나. 유럽을 기준으로 보면 Rh(D) 음성이 15%, 이 가운데 Rh(D) 음성 O형은 약 7% 정도다. 따라서 Rh(D) 음성 O형 적혈구를 유니버설 블러드로 비축해두는 것이 가능하다. 문제는 한국이다. 한국에서 Rh(D) 음성 O형은 전체의 0.1%도 안 된다. 유니버설하게 쓰려면 최소한의 비축 물량이 있어야 하는데, Rh(D) 음성 O형 적혈구는 같은 혈액형에게 수혈하기도 어려운 희귀혈액형이다. 그래서 한국에서는 Rh(D) 양성 O형 적혈구를 유니버설 블러드로 사용한다. 2017년 질병관리본부 정책연구용역사업으로 발간한 「응급 대량수혈 표준안내서」에도 Rh(D) 양성 O형 적혈구를 유니버설 블러드로 권장하고 있다.

가장 이상적인 유니버설 블러드는 인위적으로 만들어야 가능하다. 예를 들어 크리스퍼 카스9 유전자 가위 기술 등으로 혈액형 항원을 만드는 유전자를 모두 없앤 줄기세포를 만든다. 이 줄기세포로 적혈구를 만든다. 주요 적혈구 항원이 모두 없어졌다면 항원이 없으니 어떤 항체와 만나도 용혈반응을 일으키지 않을 것이다. 진정한 유니버설 블러드인 것이다.

국내 연구진이 Rh(D) 양성자의 적혈구 전구세포에서 Rh(D) 유전자를 없앤 후 인공적으로 Rh(D) 음성 혈액을 실험적으로 만들었다는 보고가 있었다(Kim et al, 2015). 현재 유전자 조작 기술로도 각종 혈액형 항원을 만드는 유전자를 모두 없앤 유니버설 블러드를 만들 수 있다. Rh(D)뿐 아니라 극단적인 희귀한 혈액형인 D 대쉬대쉬 같은 희귀혈액형 혈액제제도 만들 수 있어 보인다. 그러나 문제는 늘 돈이다. 따라서 과학기술의 발달로 줄기세포에서 적혈구를 분화하는 데 드는 배양 비용문제가 해결되면 진정한 유니버설 블러드가 구급차와 닥터헬기에 실리는 날이 올 것이다.

응급수혈과 대량수혈

레지던트 시절을 돌이켜보았을 때 기억에 남은 일은 혈액은행에서 늘 벌어지던 실랑이다. 유니버설 블러드라는 개념이 한국에 정립되기 전이었다. 출혈이 심해 급한 수혈이 필요한 상황이 되면 수술

실 의사는 혈액은행에 달려와서 혈액을 빨리 달라고 소리를 지른다. 특히 산부인과에서 출혈로 위급한 상황이 벌어지면 충분히 이해되는 상황이었다. 그러나 혈액은행 검사자는 최소한 기본 검사인 ABO, Rh(D), 1단계 간이 교차시험은 해야 했기에 일단 검사를 시작한다. 출혈의 위험과 수혈의 위험을 알고 있는 두 사람은 각자 환자를 살리기 위해 분투하지만, 처지와 입장이 달라 고성이 오가는 일이 잦았다. 만약 유니버설 블러드 가이드라인과 시스템이 있었다면 실랑이는 많지 않았을 것이다.

응급수혈이라는 단어를 들으면 외상센터와 응급실이 떠오른다. 2017년 북한 병사 한 명이 판문점 북측에서 판문점 남측으로 넘어왔다. 이 과정에서 다른 북한 병사들이 쏜 총에 맞았고, 아주대학교 응급외상센터로 이송되었다. 당시 응급수술을 맡았던 이국종 교수는 '혈액형 검사를 할 시간도 없이 O형 혈액 유닛 4개를 바로 수혈하고 수술에 들어갔다'는 언론 인터뷰를 남겼다. 총상으로 인한 과다출혈이라는 초응급상황에서 아주대학교병원 임영애 교수의 혈액은행 시스템과 이국종 교수가 선택한 유니버설 블러드는 훌륭했다.

일반적인 상황과 응급 상황에서의 수혈을 위한 절차가 다르며, 응급 상황에서도 위급성의 단계에 따라 다르다. 총상을 입은 북한군 병사의 경우처럼 혈액형 검사를 할 시간이 없는 초응급 상황도 있지만, 혈액형 검사를 할 수 있는 응급 상황도 있다. 전자의 경우에는 적혈구는 O형, 혈소판과 혈장은 AB형의 유니버설 블러드를 수혈한다. 후자의 경우는 수혈 전에 진행하는 일반적인 네 가지 수혈 전 검사[ABO, Rh(D), 비예기항체 선별 검사 및 교차시험]를 할 시간이 없다. 네 가지 검사를 모두 하려면 약 1시간 정도가 필요하니, 응급상황에는 적용할 수 없다. 이때는 ABO, Rh(D) 혈액형 검사와 1단계 교차시험까지만 하고 환자와 일치하는 혈액을 수혈할 수 있다.

현장에서는 응급 상황 수혈이 어떻게 이루어지고 있을까? 많은 병원에서 응급 상황을 맞으면, 검사 가운데 일부를 생략하고 수혈하는 것이 일반적이다. 수혈 전 검사 네 가지를 모두 생략하고 유니버설 블러드를 사용하는 기관은 제한적이다. 병원의 혈액은행이 아니라 외상센터에서 임상의사의 판단으로 유니버설 블러드를 직접 쓸 수 있는 시스템을 갖춘 곳은 더 제한적이다. 혈액제제는 24시간 철저하게 온도가 관리되는 혈액제제 전용 냉장 및 냉동고에서 관리되어야 한다. 관리가 잘못되어 용혈 등 이상이 생긴 혈액이 수혈되면 심각한 부작용으로 이어지기 때문이다. 따라서 외상센터에 혈액 냉장고를 두더라도 병원 중앙 혈액은행에서 이를 관리한다. 온도를 점검하고, 혈액 보관 기간을 확인해 혈액을 주기적 교체한다.

나는 「의료기관 응급·대량수혈 표준 업무안내서」 개발 과제를 수행하기 위해 2017년 일본 오사카 시의 응급센터를 외상외과 박찬용 교수와 함께 견학했다. 한국과 달리 외상센터 응급실에 O형 적혈구뿐 아니라 AB형 신선동결혈장까지 준비되어 있었다. 심한 출혈의 외상환자가 오면 외상센터 의사가 곧바로 수혈을 하면

응급/대량수혈 표준업무안내서 (질병관리본부, 2018)

상황	수혈 전 검사	혈액제제	비고
일반	- ABO/Rh(D) 혈액형 검사 - 비예기항체 검사 - 교차시험(1, 2, 3단계)	Group matched, Crossmatched	비예기항체 검사 음성 시, 1단계 교차시험도 가능
아응급 (Urgency)	- ABO/Rh(D) 혈액형 검사 - 교차시험(1단계)	Group matched, Crossmatched	환자 검체 채혈한 경우
응급 (Emergency)	- ABO/Rh(D) 혈액형 검사	Group matched, Crossmatched	환자 검체 채혈한 경우
초응급 (Immediate resuscitation)	- 모두 생략	Universal O type RBCs, Uncrossmatched	환자 검체 채혈 불가능한 경우
응급/대량수혈	- 모두 생략	Universal O type RBCs / AB type FFP / AB type Platelets, Uncrossmatched universal	환자 검체 채혈 불가능한 경우. MTP 적용 시

- Rh(D) 음성 혈액제제의 재고가 없는 응급 상황에서는 Rh(D) 양성 혈액제제도 출고 가능
- MTP: massive transfusion protocol (예: O형 농축적혈구 6단위, AB형 신선동결혈장 6단위, AB형 성분채혈혈소판 1단위 또는 농축혈소판 6단위를 동시 출고

서 수술할 수 있는 시스템이었다. 이어서 방문한 일본의 다른 외상센터는 병원의 중앙 혈액은행과 가까운 곳에 있었다. 따라서 외상센터에 혈액을 준비하지 않고 외상 환자가 발생하면 바로 옆에 있는 중앙 혈액은행에서 혈액을 가져온다. 한국과 다른 점이 있다면 중앙 혈액은행은 혈액을 보관·관리만 하고 있을 뿐이었으며, 외상센터 임상의사가 간단한 환자 정보만 기록하는 것으로 제약 없이 유니버설 블러드, 즉 O형 적혈구를 가져갈 수 있었다. 그것도 '선출고, 후 검사' 원칙으로, 혈액을 가져간 후 24시간 이내에 검사를 시행하여 기록해두는 방식이었다. 합리적인 응급수혈 시스템이라는 생각이 들었다.

이제 한국에서도 응급수혈이 필요한 경우 '선 출고, 후 검사 시스템'을 구축해가고 있다. 병원의 중앙 혈액은행은 기존처럼 관리를 한다. 단 임상의사가 요청하면 5~10분 이내로 대량의 유니버설 블러드를 공급하는 시스템이다. 대량수혈 프로토콜(massive transfusion protocol, MTP)이라고 한다. 응급 상황에서 대량출혈 환자가 발생하면 중앙 혈액은행에 MTP가 필요하다고 전산 또는 전화로 연락을 하면, 응급실 담당자가 바로 받아갈 수 있도록 유니버설 블러드를 내어준다. 이렇게 우선 혈액을 내보내고 이후 검사를 시행한다.

한편 응급 상황에서 대량으로 수혈을 하면 합병증으로 혈액응고장애가 생길 수 있다. 이때는 적혈구만 수혈해서는 안 되며, 혈액응고인자가 들어 있는 혈장을 함께 수혈하는 것이 중요하다. 여러 조합이 있지만 일반적으로 사용되는 조합은 적혈구:혈장:혈소판 비율을 1:1:1로 맞추는 것이다. 대량수혈 프로토콜에 따르면 즉시 적혈구 6단위, 혈장 6단위, 혈소판 6단위를 조건 없이 환자에게 보낸다. 이런 프로토콜의 확립은 외상환자군 사망률을 의미 있게 줄이는 효과가 있다.

그러나 대량수혈 프로토콜도 몇 가지 보완해야 할 점이 있다. 혈장은 냉동 상태로 보관하다가 해동 과정을 거쳐 수혈하므로 시간이 걸린다. 혈소판은 현재 시스템으로도 공급하기 어려운 경우가 흔하다. 미국 외상센터의 경우 대량수혈 프로토콜과 함께 '신선한 O형 전혈'을 사용하기도 한다. 전혈은 분리하지 않은 전체 혈액으로 적혈구, 혈소판, 혈장이 그대로 있는 혈액이다. 적혈구는 O형이므로 문제가 없겠지만, 혈장에는 항-A항체, 항-B항체, 항-A/B항체가 있는데 A형, B형, AB형에게 수혈되면 용혈수혈반응을 일으킬 수 있다. 이런 이유로 O형 전혈 중 ABO 항체를 미리 검사해 항체의 역가가 낮은 신선한 O형 전혈을 고른다. 이를 LTOWB(low-titer group O whole blood)라고 부르며, LTOWB를 이용해 외상환자 사망률을 더욱 낮추었다는 보고도 있다.

신선한 전혈

현재 한국에서는 공여받은 지 24시간 이내의 신선한 전혈을 현실적으로 사용할 수 없다. 법이 요구하는 바이러스 핵산증폭검사(nucleic acid amplification test, NAT) 등을 포함한 혈액제제 검사와 운송 시간 등을 고려하면 24시간으로 해결되지 않는다. 여기에 혈액을 효율적으로 사용하기 위해 거의 대부분 혈액제제는 적혈구, 신선동결혈장, 혈소판 등 성분별로 나눠서 사용하기 때문에 현실적으로 신선한 전혈을 쓰기는 어렵다.

신선한 전혈을 쓰지 못해 답답해 하는 의사가 있을 것이다. 멀쩡하던 산모가 심한 출혈로 사망하는 경우는 산부인과 의사라면 가정해볼 수 있는 상황이다. 한편 원로 산부인과 의사라면 산후 과다출혈 시 신선한 전혈 수혈로 환자를 구한 경험이 있을 것이다. 2004년 울릉도 보건의료원에 근무하던 공중보건의가 하혈로 생명이 위독해진 임부에게 자신의 피를 수혈해 생명을 구한 일이 있었다. 임부는 태반조기박리로 출혈이 심했지만 울릉도에서는 수술할 수 없었다. 육지로 이송해 수술해야 하는 상황이었는데, 문제는 출혈이었다. 즉시 수혈을 받지 않으면 환자는 위험했다. 공중보건의는 환자와 자신의 ABO식 혈액형이 A형으로 같다는 것을 확인했다. 그리고 자신의 피를 환자에게 수혈했다. 안타깝게도 사산되었지만, 위기를 넘긴 임부는 포항으로 이송되어 치료를 받고 생명을 구했다.

이와 비슷한 일은 꼭 멀리 떨어진 섬이 아니라도 공급혈액원과 멀리 떨어진 지역에서는 충분히 생길 수 있다. 출산 과정에서 출혈이 생겨 수혈을 받아야 하는데 병원에 혈액이 부족할 수 있다. 공급혈액원에서 급히 혈액을 공급받아야 하는데 때마침 교통체증이 한창인 출퇴근 시간대라 혈액 운송이 신속하지 못한 상황이 생기지 말란 법도 없다. 이럴 때는 어떻게 해야 할까? 그렇다고 주변에서 환자와 같은 혈액형을 가진 사람의 전혈이나 O형 전혈을 채취해 울릉도 공중보건의처럼 해야 할까? 울릉도처럼 특수한 예외 지역이 아닌 곳에서는 이런 수혈은 금지되어 있다. 그럼에도 여전히 문제는 남는다. 이렇게라도 수혈하지 않았을 때 환자가 사망할 위험이 높은 경우가 분명 있을 것이기 때문이다.

제도와 시스템은 현장에 놓여 있는 의료진에게 고민할 시간은 덜어주고, 행동할 시간은 더해주어야 한다. 제도와 시스템은 위급 상황에서 의료 전문가로서 응급수혈을 판단했을 때 의료인이 져야 할 책임을 나눠질 수 있어야 한다.

실습 6.
ABO 혈액형 불일치 장기이식과 수혈

ABO 혈액형 불일치 조혈모세포 이식에서 수혈할 혈액제제 선택.

규칙 1
적혈구제제: 공여자와 환자의 혈액형 중 항원이 약한 혈액형으로 선택

규칙 2
혈소판과 혈장 제제: 공여자와 환자의 혈액형 중 항원이 강한 혈액형으로 선택

ABO 혈액형 불일치 고형장기(간 또는 신장) 이식에서 수혈할 혈액 제제 선택.

규칙 1
적혈구제제: 환자의 혈액형으로 선택

규칙 2
혈소판과 혈장 제제: 공여자와 환자의 혈액형을 모두 고려하여 반응하는 항체가 없는 혈액형으로 선택한다. AB형으로 사용하는 것이 안전하다. 예외적으로 O형 환자가 A형 장기를 이식받는 경우는 A형, B형 장기를 이식받는 경우는 B형의 혈소판과 혈장제제를 수혈하는 것이 권장된다(Kim *et al*, 2020).

ABO 혈액형 불일치 조혈모세포, 신장, 간 이식 수혈

	환자	공여자	조혈모세포 이식 (이식 후 완전 생착 전)		고형장기 이식 (간 또는 신장)	
			적혈구	혈소판/혈장	적혈구	혈소판/혈장
Major & Minor	A	B	O	AB	A	AB
	B	A	O	AB	B	AB
Major	O	A	O	A	O	A
	O	B	O	B	O	B
	O	AB	O	AB	O	AB
	A	AB	A	AB	A	AB
	B	AB	B	AB	B	AB
minor	A	O	O	A	A	A
	B	O	O	B	B	B
	AB	A	A	AB	AB	AB
	AB	B	B	AB	AB	AB

사례 1 ABO 혈액형 불일치 조혈모세포 이식에서 수혈

분류	공여자	환자	검사시점	임상 상황	항A	항B	A cells	B cells	혈액형, 수혈
이식 전후	B+	A+	이식 후 2주	neuroblastoma	2+	-	+/-	2+	
이식 후	O+	A+	이식 후 4년 경과	MDS	-	-	-	4+	
이식 전후	B+	O+	이식 후 1달	AA	-	+/-	4+	1+	
이식 전후	AB+	A+	이식 후 2달	MDS	4+	4+	-	+/-	
이식 후	O+	A+	이식 후 1년 5개월	PMF	-	-	-	2+	

풀이 1 ABO 혈액형 불일치 조혈모세포 이식에서 수혈

분류	공여자	환자	검사시점	임상 상황	항A	항B	A cells	B cells	혈액형, 수혈
이식 전후	B+	A+	이식 후 2주	neuroblastoma	2+	-	+/-	2+	적혈구: O+ 혈소판/혈장: AB+
이식 후	O+	A+	이식 후 4년 경과	MDS	-	-	-	4+	적혈구/혈소판/혈장 모두 O형
이식 전후	B+	O+	이식 후 1달	AA	-	+/-	4+	1+	적혈구: O+ 혈소판/혈장: B+
이식 전후	AB+	A+	이식 후 2달	MDS	4+	4+	-	+/-	적혈구: A+ 혈소판/혈장: AB+
이식 후	O+	A+	이식 후 1년 5개월	PMF	-	-	-	2+	적혈구: O+ 혈소판/혈장: O+

6장 참고문헌

대한진단검사의학회. 『진단검사의학』, 제6판, 2021.

Cho et al. Prevention of ABO incompatible blood transfusion: '2-2-2 safe blood transfusion campaign'. Korean J Blood Transfus. 2013

Choi et al. Changes in cytomegalovirus seroprevalence in Korea for 21 years: a single center study. Pediatr Infect Vaccine. 2018

Choi et al. ABO-incompatible transfusion events reported in written iudgments and in the Korean Hemovigilance System. Ann Lab Med. 2021

Lim et al. Acute hemolytic transfusion reaction due to ABO-incompatible blood transfusion: A fatal case report and review of the literature. Korean J Blood Transfus. 2018

Lorna et al. The impact of universal leukodepletion of the blood supply on hemovigilance reports of posttransfusion purpura and transfusion-associated graft-versus-host disease. Transfusion. 2007

K Quillen. Hypotensive transfusion reactions in patients taking angiotensin-converting-enzyme inhibitors. N Engl J Med. 2000

Kim et al. Anaphylactic transfusion reaction in a patient with anhaptoglobinemia: the first case in Korea. Ann Lab Med. 2012

Kim et al. Rh D blood group conversion using transcription activator-like effector nucleases. Nat Commun. 2015

Kim et al. Transfusion associated hyperkalemia and cardiac arrest in an infant after extracorporeal membrane oxygenation. Korean J

Crit Care Med. 2015

Kim *et al*. Elimination of causative antibody by plasma exchange in a patient with an acute hemolytic transfusion reaction. Korean J Blood Transfus. 2018

Kim *et al*. Transfusion in ABO-incompatible solid organ transplantation. Korean J Blood Transfus. 2020

Kwon *et al*. Decrease in the risk of posttransplant hepatocellular carcinoma recurrence after the conversion to prestorage leukoreduction for transfused red blood cells. Transplantation. 2021

Weinstock *et al*. Successful use of eculizumab for treatment of an acute hemolytic reaction after ABO-incompatible red blood cell transfusion. Transfusion. 2015

7

성분채집술

헌혈의 집에서는 헌혈용 성분채집술을 실시한다. 즉 헌혈용 성분채집술은 공급혈액원에서 주로 이루어지며, 대부분의 의료기관에서는 환자 치료를 위한 성분채집술을 주로 실시한다. 조혈모세포이식을 위한 말초혈액조혈모세포채집술, ABO 불일치 신장 및 간 이식을 위해 환자 몸속에서 ABO 항체를 제거하는 혈장교환술 등이 대표적이다. 앞으로는 CAR-T세포 치료 또는 CAR-NK세포 치료를 위해 면역세포를 채집하는 시술이 더 잦아질 것으로 보인다.

치료적 혈장성분채집술

환자에게 병을 일으키는 물질만 빼내고, 나머지 성분을 되돌려주는 시술을 치료적 성분채집술이라고 한다. 그중에서 환자의 혈장에 질병을 유발하는 항체, 면역복합체, 그리고 독성물질 등을 몸이 허용하는 범위에서 최대한 제거하고 신선동결혈장이나 알부민을 대신 넣어주는 방법을 치료적 혈장교환술(therapeutic plasma exchange, TPE)이라고 한다. 다른 방법으로는 환자의 혈장을 특수한 필터 등으로 여과하거나 흡착하여 병적 물질을 선택적으로 없애기도 한다. 대표적인 예로 중증 근무력증 환자에게 실시하는 혈장교환술이 있다. 중증 근무력증에 걸리면 면역 시스템의 항체가 신경과 근육의 연결 부위에 있는 아세틸콜린 수용체를 공격한다. 해당 부위의 기능이 마비되고 근력이 떨어진다. 항콜린에스테라제 성분의 약, 스테로이드, IV-immunoglobulin 주사제 등으로 치료를 하는데, 이때 치료적 혈장성분교환술을 함께 활용하기도 한다. 항체를 함유한 병적인 혈장을 제거하고 새 혈장을 넣어주는 것이다. 환자의 혈장과 정상 혈장을 일부 교환하는 셈이니 혈장교환술이라고 부른다.

최근에는 ABO 혈액형이 일치하지 않는 신장이나 간을 이식하는 경우, 환자의 몸에서 ABO 항체를 제거하여 역가를 떨어뜨리는 데 쓰기도 한다. A형 환자에게 B형의 신장을 이식하는 경우를 보자. 환자의 혈액에는 항-B항체가 있고 이식받을 신장의 혈관에는 B항원이 있기 때문에, 수술 후 항원-항체반응이 일어날 수 있다. 환자에게 항체가 추가로 생기지 않도록 면역억제제를 투여하더라도, 이미 존재하는 항체를 수술 전에 최대한 낮추어야 초급성 거부반응으로 인해 이식한 장기를 잃는 일을 방지할 수 있다. 이를 예방하기 위해 수술 전에 약 4번 정도 혈장교환술을 실시한다. 환자 몸에서 혈장을 빼내면서 항-B항체를 제거한다. 동시에 AB형 혈장을 넣어준다. AB형의 혈장은 어떤 ABO 항체도 없는 유니버설 블러드다.

치료적 세포성분채집술

혈장성분채집술에서 혈장을 빼내듯이 세포 성분을 치료적 목적으로 제거하기도 한다. 적혈구를 빼내는 것은 치료적 적혈구성분채집술이라고 하고, 혈소판을 빼내는 것은 치료적 혈소판성분채집술, 백혈구를 빼내는 것은 치료적 백혈구성분채집술이라고 한다.

 치료적 세포성분채집술은 환자의 몸에서 제거한 혈액세포 성분을 보충하지 않는다. 간단히 살펴보면, 적혈구성분채집술은 서양에서는 낫 모양 적혈구 빈혈증(sickle-cell anemia) 환자에게 뇌졸중 등 심각한 혈관폐쇄성 합병증을 완화시킬 목적으로 시행하는 경우가 흔하다. 한국에서는 낫 모양 적혈구 빈혈증 환자가 적기 때문에 드문 시술이다. 한국에서의 첫 사례는 낫 모양 적혈구-β지중해빈혈증을 가진 튀니지 남자 환자였다. 뇌졸중의 일차적 합병증을 예방하기 위한 목적으로 자동화 장비를 이용한 적혈구 교환수혈을 실시한 사례였다(Choi et al, 2012). 그 외에 이러한 시술로 중증 열대열말라리아 환자의 감염 적혈구를 효과적으로 제거하였고, 진성다혈증(polycythemia vera)과 혈색소침착증(hemochromatosis)에 대해 2단위 적혈구 성분채혈술이 시행되어 좋은 결과를 보였다는 보고가 있었다(수혈의학, 2014). 다음으로 치료적 혈소판성분채집술인데, 혈소판이 병적으로 증가하여 그 수치가 약 $1,000,000/\mu L$ 이상이면서 이로 인한 증상이 있는 경우, 이런 시술을 고려할 수 있지만 드물게 시행한다.

치료적 백혈구성분채집술(therapeutic leukapheresis)은 급성백혈병으로 혈액 내 백혈병 세포가 비정상적으로 증가되면서 백혈구 울혈 등이 있을 때 병적인 백혈구를 제거하려고 시술한다. 급성골수구성백혈병에서는 백혈구 수가 $100,000/\mu L$ 이상 그리고 급성림프구성백혈병은 $200,000/\mu L$ 이상으로 증가될 때 주로 이들 시술을 시행한다. 이처럼 높은 백혈구 수 증가가 있으면 백혈구울혈(leukostasis), 종양용해증후군(tumor lysis syndrome) 및 파종성혈관내응고증(disseminated intravascular coagulation, DIC) 등을 야기시켜 사망에 이르게 할 수 있어 이를 예방하기 위해 실시한다. 그런데 국내 한 대학병원에서 166명을 대상으로 후향적으로 실시한 연구에 따르면, 급성골수구성백혈병에 치료적 백혈구성분채집술의 생존율과 초기 합병증 빈도 감소에 대한 효과는 확인할 수 없었다고 보고하였다(Choi et al, 2008). 국내 의료기관에서 실시한 연구이므로 눈여겨볼 가치가 높지만 단일기관 연구이므로 모든 기관에서 이를 표준 지침으로 적용하기에는 더 많은 연구가 필요해 보인다.

조혈모세포채집술

세포성분채집술 중 환자에게 또 다른 의미에서 치료적 목적으로 하는 시술이 있다. 즉 조혈모세포이식을 위한 말초혈액 조혈모세포 채집과, 키메라 항원 수용체(chimeric antigen receptor, CAR)를 발현시킨 CAR-T세포 치료제의 원료로 사용될 환자의 T세포 채집에도 세포성분채집술이 사용된다.

    조혈모세포를 이식하는 방법으로 전에는 골수 이식을 주로 시행했지만, 현재는 대부분 말초혈액 조혈모세포 이식을 시행한다. 또한 소아에게 실시하던 제대혈 이식도 점차 줄어들고 있으며, 부모 가운데 한 명의 말초혈액 조혈모세포를 환아에게 이식하는 것이 더 보편화되어 가고 있다. 부모는 환아와 HLA를 비롯한 주조직적합성 복합체(major histocompatibility complex, MHC)가 50%씩 일치하므로, 반일치 이식(haploidentical transplantation)이라고도 부른다.

    원래 말초혈액에는 조혈모세포가 거의 없다. 성분채집술을 시행해도 충분한 양의 조혈모세포를 얻을 수 없다. 따라서 공여자에게 G-CSF라는 약을 투여하고, 환자에게는 G-CSF와 함께 항암제(예: cyclophosphamide, etoposide) 등을 미리 투여해서 골수에 있는 조혈모세포를 말초혈액으로 이동시키는, 가동화(mobilizer)를 한다. 그런데 일부 환자는 약물로 가동화를 유도해도 말초혈액 내 조혈모세포 수가 충분해지지 않기도 한다. 이를 골수 조혈모세포가 말초혈액으로 이동이 어려운 환자, 즉 poor mobilizer라고 한다. 이러한 다발성골수종이나 림프종 환자는 CXC chemokine receptor 4 (CXCR4) antagonist인 플레릭사포르(Plerixafor, 상품명 Mozobil®)를 추가하여 가동화를 촉진시키기도 한다. 이렇게 하면 골수에 있던 조혈모세포가 말초혈액에서 며칠 간 순환한다. 이는 CD34+ 세포를 모니터링해서 알 수 있는데, 이때를 놓치지 않고 성분채집술로 조혈모세포를 채집해야 한다. 공여자에게 채집한 조혈모세포를 신선한 상태에서 환자에게 투여한다. 반면 환자에게서 채집한 조혈모세포는 냉동보관하는데, 필요할 때마다 이식하기 위함이다. 세포 냉동기술이 발달해 냉동 상태의 조혈모세포도 신선한 조혈모세포와 유사한 효능을 갖는다.

CAR-T 및 CAR-NK 세포 치료제

외과적 수술, 방사선, 항암화학요법 등이 전통적인 암 치료법이었다면 최근에는 면역치료(immunotherapy)가 주목받는다. 특히 단클론항체(monoclonal antibody), 면역관문억제제(immune checkpoint inhibitor) 그리고 면역세포치료가 좋은 치료 효과를 보여준다. 면역세포치료제 가운데 특히 CAR 발현 T세포 치료제가 B세포 계열 혈액암(CD19 표적) 및 다발성골수종 치료(B-cell maturation antigen 표적)에 좋은 치료 성적을 보여준다. CAR-T세포 치료제는 현재는 환자 본인의 T세포만을 활용할 수 있다. 2021년 현재 삼성서울병원은 한국에서 처음으로 CAR-T치료센터 가동에 들어갔다. 재발성·불응성 거대 B세포 림프종 대상 임상시험에 등록한 환자들에게 CAR-T세포 주입을 했다. 이 치료제의 원료는 환자 본인의 T세포이므로, 병원에 있는 헌혈실에서 백혈구(림프구)성분채집술로 얻는다. CAR-T세포 치료제 사용이 늘어나면 의료기관에서 혈액암 환자의 T세포 채집의 수요도 늘어날 전망이다.

    CAR-T 치료제는 수년 전부터 CD19+ 혈액암에서 탁월한 치료 성적을 보였다. 2017년 노바티스의 킴리아가 처음으로 FDA의 승인을 받은 이래로 2021년 현재 총 5종의 CAR-T세포 치료제가 사용되고 있다. 이 가운데 4종은 CD19을 발현하는 B세포 유래의 다양한 백혈병(leukemia)과 림프종(lymphoma)에 치료에 사용된다. 허가받은 제품의 대부분이 50% 이상의 완전관해를 보여준다. 한편 2020년 MD 앤더슨 암센터의 연구팀은 환자 본인의 T세포를 활용하는 CAR-T세포 치료제와 달리 건강한 사람의 혈액에 있는 NK세포를 활용한 CAR-NK치료제 임상시험 결과를 발표하였다.

제대혈 유래 CAR-NK세포치료제로 재발성/불응성 B-세포 악성종양환자를 대상으로한 임상 1/2a상에서 중증 사이토카인 방출증후군(severe cytokine release syndrome), 신경독성 및 이식편대숙주병이 관찰되지 않고 우수한 치료성적(73%, 8/11 완전관해)을 보고하였다(Liu et al, 2020). 따라서 향후 병원에서 CAR-T 및 CAR-NK 세포 치료제 생산을 위한 환자 림프구 채집 (T세포 혹은 NK세포)이 중요해질 것으로 보인다.

7장 참고문헌

수혈의학, 제4판, 2014

Choi *et al*. A case of red blood cell exchange transfusion in a patient with hemoglobin S/beta-Thalassemia. Korean J Blood Transfus. 2012

Choi *et al*. The effect of therapeutic leukapheresis on early complications and outcomes in patients with acute leukemia and hyperleukocytosis: a propensity score-matched study. Transfusion. 2018

Liu *et al*. Use of CAR-transduced natural killer cells in CD19-Positive lymphoid tumors. N Engl J Med. 2020.

에필로그

함께 책을 만들던 편집자의 한 마디가 계속 기억에 남았다. 그는 보통 사람들에게 진단검사의학과 의사를 설명하기가 어렵다고 했다. 의사가 되어 사람의 생명을 구하고 싶어 하는 고등학생의 머릿속에는 수술하는 외과계 의사, 청진기를 들고 있는 내과계 의사가 그려져 있을 것이다. 그러나 그의 머릿속에 진료지원계에 속하는 진단검사의학과, 병리과, 영상의학과, 핵의학과 등의 의사가 들어 있기는 어렵다. 그의 말이 '환자를 직접 보지 않은 의사'에 대한 설명을 하게 했다.

나는 의사의 옷을 입고 있지만 수술을 하지 않고, 청진기도 쓰지 않으며, (특이한 혈액형 환자를 외래에서 드물게 보기는 하지만) 환자도 보지 않는다. 대신 검사를 하고 수혈을 지원하는 등 간접적으로 환자의 진료에 참여하는 진료지원계에 속한 의사다. 더 구체적으로 말하자면 '진단검사의학과'에서 수혈의학을 담당하는 의사다. 한편으로는 의과대학생, 진단검사학과 전공의 및 삼성융합의과학원에 소속된 대학원 학생들을 가르치는 교수이자 연구자다. 주된 연구의 관심 분야는 혈액형 유전자인데, 최근에는 NK세포 치료제 연구 개발에 힘을 쏟고 있다.

학창시절 나 역시 수술하는 의사, 청진기를 손에 든 의사를 생각했었다. 그리고 본과 3학년 수업 시간에 산부인과 강의를 들었을 때 산부인과 의사가 되면 좋겠다고 생각했다. 의학적인 (또한 면역학적인) 관점에서 보면 태아와 임부는 다른 존재다. 서로 다른 존재들이 열 달 동안 한 몸으로 지낼 수 있다는 것이 신비로웠다. 이런 신비로움을 탐구하고 싶었다. 그러나 인턴 시절 경험한 산부인과는 신비로움을 탐구하는 즐거움만으로 지원할 수 있는 곳이 아니었다. 한 번은 분만 후 자궁에 수축하지 않아 출혈이 멎지 않는 경우를 보게 되었다. 피가 계속 쏟아져 적혈구를 50단위 가까이 수혈했지만 소용없었다. 결국 자궁을 들어내는 수술을 할 수밖에 없었고, 산부는 간신히 목숨을 구했다. 인턴으로 그 광경을 지켜본 나는, 산부인과 의사가 나와는 맞지 않는다는 것을 알게 되었다. 돌발 상황을 차분하게 처리해나가는 산부인과 선배 의사들의 DNA가 나에게는 없었다. 내 본성이 감당할 수 없는 외과계는 피했지만 사실 나는 친구들로부터 청진기를 들고 환자를 보는 모습이 잘 어울린다는 말을 자주 들었다. 아마도 내가 환자를 보는 것도, 사람들과 어울리는 것도 좋아하는 편이라서 그랬던 것 같다.

나는 호기심을 채우고 연구하는 것에 마음이 끌렸다. 막연한 생각이었지만 당시에는 유전자를 다루는 일을 생각하다가 법의학도 생각했었다. 그리고 결국 진단검사의학과를 선택하는 행운을 얻었다. 레지던트 시절에는 여러 가지 검사 가운데 염색체 검사에 열심이었고, 전문의가 되어서는 혈액형 유전자를 연구할 기회를 잡았기 때문이다. 나의 본성에 맞는 일이었다.

진단검사의학은 환자를 보는 임상의사들이 최상의 진료를 할 수 있도록 진단과 치료 후 추적을 위한 검사 지원을 하며 수혈 지원도 맡는다. 진단검사의학은 환자를 직접 보는 임상과에 비해 실험실 연구를 할 때도 장점이 있다. 연구에 관심이 많은 나에겐 긍정적인 면이다. 진단검사의학은 분야가 다양하고 기초과학과 연관된 영역이 대부분이다. 예를 들어 진단혈액, 임상화학, 임상미생물, 진단면역, 진단유전 그리고 수혈의학 등으로 구성된다. 차세대 염기서열분석(NGS)으로 백혈병 유전자나 유방암 유전자 등을 분석하고, 분자진단 기법을 활용하여 정확한 코로나(COVID-19) 검사를 하는 것도 진단검사의학의 영역이다. 이렇게 진담검사의학은 의학 분야 가운데서도 과학기술의 발전을 가장 빨리 체감할 수 있어 역동적이면서 흥미롭다.

나의 세부 전공인 수혈의학 분야에서도 최근 신선하고 획기적인 주제가 등장했다. 기초과학과 접목된 면역세포치료법이다. 내가 일하고 있는 삼성서울병원은 한국에서 처음으로 키메라 항원 수용체

T세포(CAR-T) 치료센터를 열었다. CAR-T 치료 과정에 필요한, 진단검사의학과 헌혈실(성분채집센터)에서 치료제의 원료가 되는 T세포를 환자의 몸에서 채집하는 일도 담당한다. CAR-T세포 치료제의 성공이 계기가 되어 조만간 나의 연구 분야이기도 한 CAR-NK 치료제도 개발되기를 바란다. 한편 줄기세포에서 수혈용 적혈구를 대량으로 생산하는 연구도 국내 진단검사의학과 연구진에 의해 수행되고 있는데, 이 또한 좋은 성과를 기대하고 있다. 이처럼 혁신적인 치료법과 끊임없이 만날 수 있는 기회는 새로운 연구에 뛰어들 동기를 준다. 진단검사의학의 역동적인 분위기는 나에게도 역동적인 도전에 나설 수 있는 용기를 준다.

지금 이 순간에도 최일선에서 환자를 직접 만나 고군분투하고 있는 의료진이 있다. 그리고 보이지 않는 곳에서 이들을 지원하고 연구에 매진하는 의료진도 있다. 생명을 구하는 방법에는 메스와 약물을 들고 환자와 함께 병과 싸우는 것도 있지만, 이들이 잘 싸울 수 있도록 뒤에서 도우며 연구를 하는 것도 있다. 임상의사도 진료지원의사도 모두 환자를 구하는 즐겁고 보람 있는 일을 하고 있다.

찾아보기

121 미군 병원(Brian D. Allgood Army Community Hospital) 90, 119
1227G〉A 75, 90

A

A1B3 62
A2B3 65, 69
ABO 불일치
 ABO 불일치 수혈사고 27, 28, 159, 160, 164
 ABO 혈액형 검사 불일치(ABO discrepancy) 30
 ABO 혈액형 불일치 고형장기(간 또는 신장) 이식 189
 ABO 혈액형 불일치 장기이식 189
 ABO 혈액형 불일치 조혈모세포 이식 189
ABO 아형(亞型, subtype) 40, 41, 44, 61, 62
ABO 유전자 검사 31, 63
Aw10 62

B

B형 간염 바이러스(hepatitis B virus, HBV) 169

C

CAR-NK 203
CAR-T 203
 CAR-T세포 치료제 200, 202

CD38 145
CD47 항체 146
ce 유형 94
cis-AB01 65
C형 간염 바이러스(hepatitis C virus, HCV) 169

D
d/d 5
D/d 5
DEL 75
D 대쉬대쉬 113, 114, 119

F
Fy(a-b-) 36, 37

G
G-CSF 201

I
IgA 결핍증 167

L
LTOWB(low-titer group O whole blood) 186

M
mixed field agglutination 6
MNS 22

R

RFID(radio-frequency identification) 161
Rh
    Rh(CE) 22
    Rh(D) 변이형 95, 96
    Rh(D) 유전자 검사 31
    Rh(D) 음성 75, 77
    Rh(D) 음성 혈소판 79
    Rh(D) 음성 혈액 재고 부족 98, 100
    Rh(D) 혈액형 분포 19
    Rh(-) 봉사회 38
RHD 유전자 검사 88, 93
Rho(D) immune globulin(RhIG, Rho GAM, 로감) 77, 79

T

TA-GVHD 68, 178

ㄱ

가족 수혈 115
간 이식 197
간섭 약물 149, 153
개별 항원 21
거대세포바이러스(cytomegalovirus, CMV) 173
고빈도항원에 대한 항체(antibodies to high-incidence red blood cell antigens) 109, 111
고위험군 77, 78, 81
광우병(크로이츠펠트야콥병Variant Creutzfeldt-Jakob Disease, vCJD) 175

교차시험용 검체 162
국제수혈학회(International Society of Blood Transfusion, ISBT) 21
급성골수구성백혈병 46
급성용혈수혈반응 24, 136, 159
급성폐손상 173
기생충 168
기왕반응(anamnestic response) 160

ㄴ

낫 모양 적혈구 빈혈증(sickle-cell anemia) 117
냉동보관 115
냉동적혈구 119, 120
    냉동적혈구 은행 118

ㄷ

다라투무맙(daratumumab, 제품명: Darzalex®) 145
다발성골수증(multiple myeloma) 145
대량수혈 181
    대량수혈 프로토콜(massive transfusion protocol, MTP) 185, 186
더피(Duffy) 22, 24, 36, 115, 116
델(DEL)형 6, 94
디에고(Diego) 22
디티오트레이톨(dithiothreitol, DTT) 146

ㄹ

림프구 채집 203

ㅁ

말라리아 36, 37, 115, 116, 117
  말라리아원충(Plasmodium) 172
말초혈액 내 조혈모세포 201
면역결핍 환자 52
면역글로불린 요법(Intravenous immunoglobulin) 84
밀텐버거(Miltenberger) 22

ㅂ

바디바(-D-) 113
바이러스 168
바이러스 핵산증폭검사(nucleic acid amplification test) 187
바코드(bar code) 161
발열 166
발열성비용혈수혈반응 166
발작성야간혈색뇨 165
방사선 조사 68
  방사선 조사 적혈구제제 178
  방사선 조사 혈액 176
백혈구 제거 혈액제제 174
  보관 전 백혈구 제거 혈액제제(pre-storage leukocyte reduction) 174
보로로(Bororo) 원주민 18
보체(complement) 27
보통위험군 78, 81
복합항체 140
부분D형 94
비예기항체(unexpected antibody) 56, 133, 135, 149, 153
  비예기항체 선별 검사 22, 25, 27, 137, 142

ㅅ

사망 사례 136
서아프리카 117
선천성 키메라(congenital chimera) 6
선 출고, 후 검사 185
세균 168
    세균배양법 170
    세균오염 검사 170
셀 세이버(cell saver) 121
숌펜(Shompen) 어를 쓰는 원주민 19
수술 중
    수술 중 혈액회수 121
    수술 중 혈액희석 121
    수술 후 혈액회수 121
『수혈가이드라인』 69, 81
수혈관련이식편대숙주병(transfusion associated graft versus host disease, TA-GVHD) 68, 176
수혈사고 161
수혈에 의한 말라리아 감염사례 172
수혈 전 검사 137, 162, 183
시스AB 5, 63, 64, 69
시스AB09 67
시스AB09 혈액형의 시조(始祖) 67~68
시스(cis) 63
신부전 28
신생아의 혈액형 40
신선한 전혈 187
신장 197

쌍둥이 혈액 키메라 126

ㅇ
아나필락시스 반응 167, 168
아시아형 델(DEL) 혈액형(1227G〉A) 85~87, 88~91, 93
알레르기 반응 167
약D검사 94
약D형 94
　약D형(1, 2, 3형) 75
약한 적혈구 반응(weak red cell reactivity) 44, 46
약한 혈청 반응(weak serum reactivity) 52, 54
에쿨리주맙(eculizumab) 165
영구적 키메라 123
예측 가능한 항체 135
용혈성수혈반응 78
유니버설 블러드(universal blood) 69, 179, 180, 182
유전자 조작 181
유전자지문검사(short tandem repeat, STR) 67
응급/대량수혈 표준업무안내서 184
응급수혈 181, 182
응집소(agglutinin) 27
의외의 적혈구 반응(extra red cell reactivity) 48
의외의 혈청 반응(extra serum reactivity) 48, 56
이란성 쌍둥이 124, 125
이식 197
인간면역결핍 바이러스(human immunodeficiency virus, HIV) 169
일시적 키메라 123

ㅈ

자가수혈(autologous transfusion) 120, 122
자가항체 149, 153
자궁내수혈 84
자연선택설 36, 117
자연항체 32
전신 키메라(whole body chimera) 7, 124, 127
제대혈 203
조혈모세포 200
　　조혈모세포이식(골수이식) 54
지연성용혈수혈반응 24, 159
지중해빈혈(thalassaemia) 141, 142

ㅊ

차세대 염기서열분석법(next generation sequencing, NGS) 31
채혈 실수 161
챠오 펑 사오(Chao-Peng Shao) 87
초급성 거부반응 198
최소부적합(least incompatible) 143
치료적 백혈구성분채집술 199
치료적 성분채집술 197
치료적 혈장교환술 197

ㅋ

카를 란트슈타이너(Karl Landsteiner) 17
켈(Kell) 22, 23, 140
크리스퍼 카스9 유전자 가위 기술 181
키드(Kidd) 22, 24

키메라(chimera) 123, 125, 179
키메라 항원 수용체(chimeric antigen receptor, CAR) 200

ㅌ
태아수종(hydrops) 114
태아신생아용혈질환(hemolytic disease of the fetus and newborn, HDFN) 23, 24, 35
트랜스(trans) 63

ㅍ
페루 원주민 19

ㅎ
한국 64
한국혈액안전감시체계(Korean Hemovigilance System) 164
합토글로빈 결핍 167
항-E항체 25, 138
항-Fy(a)항체 24, 25, 138
항-HLA항체 173
항-Jk(a)항체 138
항-PP1P(k)항체 122
핵산증폭검사(nucleic acid amplification test, NAT) 169
헌혈자 선별 검사 171
혈관내용혈(intravascular hemolysis) 28
혈관외용혈(extravascular hemolysis) 28
혈색소뇨(hemoglobinuria) 28
혈색소혈증(hemoglobinemia) 28
혈소판수혈불응증(platelet transfusion refractoriness) 173

혈소판 세균오염 170
혈액제제 방사선 조사 177
혈액 키메라(blood chimera) 6, 125
혈액형 군(group) 21
혈액형 분포 18
혈장교환(plasma exchange)술 84, 165
혼합시야응집반응(a mixed-field pattern of agglutination) 128
환자/검체/혈액제제 확인 시스템 161
활력징후 159
흡착 및 해리(adsorption elution) 검사법 93
흡착 및 해리 검사 94
희귀
    희귀헌혈자 118
    희귀헌혈자 등록체계(Korean Rare Donor Program, KRDP) 118
    희귀혈액 동결보관 112
    희귀혈액 등록체계(Korean Rare Blood Program, KRBP) 118
    희귀혈액형 111, 115, 118, 129
    희귀혈액형 수혈 120